Vegetable
table

蔬食餐桌

50位料理達人跨界合作，

私房主廚 × 生態廚師 激盪出100道創意料理

作者——史法蘭、朱美虹

Foreword
以大地為舞台
由廚師共譜的味覺交響樂

　　想像一座小巧精緻的廚房，位於青山綠野的開闊鄉間，滿眼綠意隨時映入眼簾，透亮的格子窗裡有兩位美麗的廚娘，邀來同樣熱愛廚藝的料理達人，圍繞著乾淨明亮的中島流理台，熱烈討論當季盛產的蔬果，一整個下午充滿著笑鬧聲，而你我再熟悉不過的各色季節蔬果，也彷彿被施了神奇的魔法，成為一道道色香味俱全的桌上佳餚！

　　這並非憑空想像的虛擬場景，而是真實存在宜蘭深溝的慢島廚房，也是本書發想與行動的原點！法蘭——走遍大江南北的商場征戰之後，為了追尋貼近土地的真食滋味，來到了陌生的後山農村。美虹——兩度旅居東瀛浸染和食文化之後，返鄉扮演農婦傳承風土味覺，紮根在出生的蘭陽土地上。這兩位生長背景與經歷迥異，卻同樣半路出家掌廚的料理人，不約而同來到宜蘭之後，因懂吃、愛煮而結下不解之緣！

　　自己身為多年從事友善耕作的稻農，非常清楚現代消費者所面臨的困境。一方面擔心食品安全的問題，願意關注生態環境與保育，另一方面卻因都市生活節奏緊湊，往往連騰出時間好好吃頓飯都困難！難道，現代人的飲食只能在泡麵、麵包跟外送餐食之間二選一嗎？但如果吃飯確實只為了填飽肚子，繼續上陣拚命工作，便宜、方便確實成為現代人選擇食物的唯一指標！但如果辛勤工作的目的，是為了提升生活的品質，跟家人與朋友好好做頓料理吃頓飯，會不會是增添生活情趣，與促進情感交流的好方法呢？

　　法蘭與美虹在深溝村的相遇，無疑迸出令人驚豔的創造力！這股力量不僅捲動了更多同樣對料理充滿熱情的夥伴，更為摸索城鄉對話與農都共生的時代，提供了重要的線索與方向！當吃在地與吃當令成為時代的主旋律，兩位作者選擇以集體創作與分享的方式，來回應並詮釋這個時代對吃的定義，讓人彷彿聆聽了一場氣勢磅礡卻又振奮人心，充滿了色彩、香氣與味道的交響樂演出！

　　每次經過慢島廚房蔬食餐桌料理會的門外，總能感受到一股滿滿的能量，面對夥伴的熱情，對於食材的尊重，對於土地的眷戀，乃至對於生命的感恩！衷心感謝這本充滿土地能量的料理書，也期盼這樣的廚房能在島嶼的各個角落，萌芽成長，開花結果。

穀東俱樂部發起人 賴青松

用料理敬天謝地交朋友

Forewerd

　　這是一本會吸引人如「追劇」一樣讀下去的食譜。

　　食譜目錄通常不是設計成「聞之垂涎型」的，如香煎什麼佐什麼、炭烤什麼燴什麼，就是得標榜正宗菜系傳統，如法式義式、川派粵派，但本書目錄卻只是毛豆、香菇、冬瓜、南瓜、芭樂、高麗菜……。

　　沒錯，就這些市井百姓的日常蔬果，毫不稀奇；一如那些讓人癡狂的好戲，演的不過是芸芸眾生皆有的喜怒哀樂而已。

　　然而，高明的編劇交織喜怒哀樂，譜出扣人心弦的生命樂章，本書所號召的台灣東西南北各路料理達人，也用他們的專業技藝和創意巧思，調和天（隨順時令）地（取自本土）人（不同年紀與文化背景）與色香味，讓那尋常酸甜苦辣華麗轉身，鋪陳出高潮迭起的餐桌劇場。

　　這也是一本能激發人如「戀愛」一樣為下廚著迷的食譜。

　　這食譜無意扮充權威，每道料理一律得接受參與該創作ＰＫ的「主廚好友」們的「真心話」，或挑剔或建言，直白得讓人臉紅耳熱。特別是讀到有人的意見正好與自己相符時，惺惺相惜之餘，真想立刻抄起鍋鏟，跟著開火實戰一番。

這食譜也不大計較斤兩、講究程序，更在乎的卻是，竹筍配豆腐乳如何、山藥遇蜂蜜會怎樣？諸如此類誰跟誰在一起對不對味、搭不搭調的問題。此外，該怎麼在一起才算天作之合？煎、煮、炒、炸、焗，或打碎和成泥？

換句話說，本書用心似不在樹立料理典範，而在支持膽量、鼓舞玩興，笑盈盈地對那些怕下廚的新手和愛下廚的老手熱情喊話——

來！一起來玩！也玩出屬於你的、獨一無二的生活食譜吧！

每樣食材不分精粗貴賤都承蒙天生地養，珍惜並善用其特性、發揮其功能，即掌廚者敬天謝地最老實的儀式；而一樣食材被創作成百樣料理，正是百樣人個性才華的展現。

用料理敬天謝地交朋友，本來就很好玩，也值得好好玩一輩子！

半農半文字工作者
資深媒體人　夏瑞紅

法蘭的天賦與天啓

Foreword

如果人生可以重來，你希望從什麼時候再來一次？

是聊天的話題，也是窺探內心的狡猾起手式，答案可能是遺憾、可能是遺漏、也可能是全然的不悔，幾句話就走進對方的過去和未來，隱然有了相知相熟的坦誠，然後，我們就是朋友了。

認識法蘭後，一直沒有問她這個時光隧道題，只覺生命被她過得無比精采，每一個人生轉彎的地方她都毫不猶豫地輾過，沒有遺憾與駐留愴然。

我跟法蘭有著類似的職場背景，待過多年外商廣告公司，磨礪了青春、增長了見聞以及魚尾紋，我落草台南、開起草食系餐廳。法蘭卻是命定的阿信、又如哥倫布下海、乘長風一路破浪，終於抵達宜蘭樂土。

一輩子只做一種工作，對法蘭而言，可能太寂寞了，然而把自己變成每一個工作領域的職人，那得是日復一日的堅持專注才做得到，這等事知易行難，全在捨得，捨得誘惑、捨得日久生懶；而且耐得住寂寞，從中找到志趣。

宜蘭好山好水好過日子，職場的征戰硝煙日漸淡薄，懶散度日雲且留住，生意過得去不就好了嗎？

然而有一種東西叫「天賦」，上帝給了法蘭、並叫她不得停，法蘭愛上了宜蘭、宜蘭也啟發了法蘭。

在繞了地球一圈後，宜蘭的風土人情彷彿早就約好地、不僅是她安身立命的所在，也適時成了她下半場的舞台，所有人生前期的酸甜苦辣都為了這一刻，她不僅是私廚經營者、舌尖上的發明家、宜蘭小旅行導讀者、也是道地農婦，她一直在路上，任何時候都在「開始」。

她的第一本著作：《田野裡的生活家》，我們已經知道她是神農氏了，這本《蔬食餐桌：50 位料理達人跨界合作，私房主廚 X 生態廚師激盪出 100 道創意料理》更貼近

土地的芬芳，是少有的精采續集，一轉身她又成了台灣蔬果界的哥白尼。

　　這場盛宴號召了台北、桃園、新竹、台中、台南、宜蘭、台東總共 50 位廚師職人共襄盛舉，針對 25 種台灣常見的蔬果，以創新的味覺思維、實驗性的中西日跨領域嘗試，賦予我們熟悉不過的蔬果食材另一種誘人姿態。

　　絲瓜除了與蛤蠣為伍、沒有別的吃法嗎？白蘿蔔老是煮湯當配角，你有想過白蘿蔔也可以有米其林的感覺嗎？

　　還有小米，並不想總是被釀成酒啊！

　　料理人的一生懸命，建立在味覺和嗅覺的想像力上，那是無數腦細胞翻攪各種滋味氣味記憶後、剛好腦裡一道閃電、靈光充滿，於是我們得以讚嘆並感謝土地的賜予。

　　這本書忠實記錄了 50 位料理人的食路歷程，以及對彼此作品的開放式討論，沒有無謂的華麗包裝，只有認真的探究。

　　常常笑法蘭不愛做生意，只想做開心的事，其實是在掩飾自己的見識淺薄與欠缺努力的空虛，法蘭的夢想也許不大，但腳踏實地完全對得起這塊土地。

　　疫情無情，這本書適時提醒我們，就算全世界都封起來，我們還有可愛可親的台灣，以及，不要放棄夢想。

陳尚曄

> **陳尚曄**
>
> 歷任 4A 廣告公司資深創意總監，創意是習慣、是生意、是一輩子的事情。現為小確幸紅茶牛奶合作社、自然熟義式蔬食負責人。

Preface
一起來玩料理吧！

　　說起這本書的緣由，是之前拜讀《料理的創新與思維》，這本書集結了 9 位日本料亭掌門人，每次以一個京野菜為主角創作研習。作為一個獨立工作的私廚廚師，很羨慕這樣專業的料理聚首。

　　後來決定在宜蘭找些廚師朋友來玩，因此和美虹姊組成「顏素而不嚴肅廚師團」，針對洋蔥、馬告、長豆等做過研習，並發表在社群媒體中頗受歡迎。沒想到最終會變成正式的出版物，於是本人又尋思著，既然走到這步田地，乾脆更大膽開闊一點，為台灣本地的蔬菜水果，做更多的創意料理發想，畢竟蔬菜盛產的時候，婆婆媽媽的烹調手法總會遇到江郎才盡的時候，如果有專業料理人的助攻，一定能給予新穎的貢獻，也能支持本地的蔬果販售。

　　就這樣，橫跨中西日葷素餐烘焙甜點等不同業種，串連全台灣近 50 位廚師和料理人，以 25 種蔬果做為主角，走南闖北舉辦 25 場料理會，創作出 100 道菜的本書，就這樣應運而生了。

　　說實在真是不小的挑戰，要統整同行的時間，從宜蘭出差去台北、桃園、台中、台東、台南等地，尊重每位廚師的意願，協調其有興趣的蔬果主角，鼓勵大家發揮創意不要受限，刺激參與的朋友積極地給予意見，現場料理邊做邊拍攝記錄，統整後再給大家來回確認，面對廚師們各個派別的食譜撰寫和催稿……實在是很有趣而刺激的過程。

　　但更多的是感動和感恩。在每個城市受到熱烈無比的招待，廚師們本來就面臨高強度的工作，卻願意把唯一的休假給我們，做無償的料理會，很多朋友之前試做了多遍，也有的不只出一道菜，更有甚者好幾位跟我們說：「這個機會太難得了，可以跟同行一起做菜研究，超級開心，再來個幾場吧！」

　　今年的新冠疫情影響了很多餐飲的同行朋友，但大家還是很支持這本書的出版，因為這些溫暖的相遇，因為大家無私的碰撞和分享，每一次的料理會都讓我們學習感觸很多，更覺得要把這本眾人的心血，做最完整的呈現，現在書終於要出版，籌備的過程歷歷在目，非常感謝美虹姊總是支持我的想法且並肩作戰，也非常感謝參與的各位同行，相信我們的努力會給台灣的蔬果料理，和所有喜歡烹飪、需要烹飪的消費者，注入不一樣的生命力，很榮幸有你們同行，在此，深深一鞠躬。

　　最後祝大家煮得開心，好吃、好喝、好生活！

找找私廚／穗穗念
田野裡的生活家　史法蘭

史法蘭——找找私廚

本名史玲瑜，曾是國際 4A 廣告副總、企管顧問公司講師和網站 COO。後轉身成為廚師，在法國米其林三星的博古斯Bocuse 餐廳上海分店任職學習，後回台創立找找私廚，供應使用本地食材的法義式創意料理，還有廚藝教學小旅行和餐飲顧問工作。

FB 粉絲頁：法蘭的找找私廚；著作：《田野裡的生活家》。

Preface
謝謝大家一起賦予台灣
蔬果的新生命力

　　說起這本書的緣由，其實是很有趣又好玩的，當初法蘭跟我提起這個蔬果料理的 idea 時，我幾乎是秒回秒答應。找廚師一起對一個品項的蔬果做出自己創作的料理，要有創意又要可執行，其實對自己這個愛料理又愛玩的人來說，真是太有吸引力了。

　　一開始找了幾位朋友廚師，開始玩這個計劃時，每次都玩到不亦樂乎，整個廚房都充滿了笑聲，每次大家都很期待完成後的料理品嘗與互相的回饋。沒想到這樣好吃又好玩的計劃居然可以變成一本書，讓我們從自己家的廚房一直玩到別的廚師店裡的廚房，從台北、台中到台南更到台東，法蘭跟我整整玩了快一年。從剛開始邀約廚師朋友時還有一些些的顧慮，怕廚師在原本的工作崗位上已經有很大的工作壓力，還要跟我們一起完成這本書，到每位廚師朋友都欣然地答應，甚至非常期待一起做料理那一天到來，心裡真是充滿了感動跟開心。

　　原來廚師們在廚房每天都有忙不完的事情、做不完的料理，但是對於這麼喜歡料理的廚師靈魂來說，沒有可以對話的對象其實是很寂寞的。於是這本書就成了廚師們日常生活之外一個很特別的出口。大家都很放任自己的想像，對當季當令的蔬果一個很不一樣的生命，特別有感覺的是，每個廚師都在自己的廚房裡重新活了過來，對每天看到厭煩的蔬果居然重新燃起了熱情，賦予了它新的生命、新的創造、新的料理。

可以想像在這樣眾多廚師的腦力激盪之下，這本蔬果料理的書會有多麼的精采、有趣。也可以說是在我的料理生命當中一個很精采的發生。謝謝朋友們大力的相助，謝謝你們賦予台灣蔬果的新生命力。希望書的出版，可以讓愛料理的讀者們，看著書就會被挑起心中那個料理的靈魂，捲起袖子隨時隨地都可以做出好玩又好吃的料理。

美虹廚房　朱美虹

朱美虹——美虹廚房

出生宜蘭，台北長大，當媽媽後全家移居回宜蘭農村。因為老做七、八十歲老人家才會的傳統食物，被戲稱深溝村最年輕的耆老。常常不是在自己的廚房就是在別人的廚房，整個宜蘭農村就像私人的廚藝教室，隨著四季作物變換，上演各種食材秀。2017 年開設採用在地小農食材的美虹廚房。2018年 4 月起在鄉間小路撰寫〈田野保存食〉專欄。

Contents

蘆筍
含有抗癌元素的蔬果之王

蘆筍屬百合科，是多年生宿根植物。原產於地中海東岸及小亞細亞，到現在歐洲、亞洲大陸及北非草原和河谷地帶仍有野生種。

17世紀傳入美洲，18世紀傳入日本，20世紀初傳入中國。世界各國都有栽培，以美國最多。

蘆筍富含多種胺基酸、蛋白質和維生素，而且含量均高於一般蔬菜。市場上享有蔬菜之王的美稱。

因為含有豐富的抗癌元素之王——硒，阻止癌細胞分裂與生長，抑制致癌物的活力並加速解毒，甚至使癌細胞發生逆轉，加之所含葉酸、核酸的強化作用，能有效地控制癌細胞的生長。

另外具有調節機體代謝，提高身體免疫力的功效，對心臟病、高血壓、心率過速、疲勞症、水腫等症也有療養作用。

蘆筍的食用禁忌：痛風和糖尿病人不宜食用。

食材補給站

1. **主要產季**：3～6月；主要產地：彰化、雲林、嘉義、台南。

2. **如何挑選**：以形狀正直、筍尖花苞緊密、沒有腐臭味，表皮鮮亮不皺皮為佳。

3. **如何保存**：將蘆筍的莖端包裹在濕紙巾內或放入密實袋，然後放入冷藏保存。 另外用約5%濃度的食鹽水，燙煮1分鐘後，泡在冷水中放在冰箱內，也可維持2～3天。不過，最理想還是趁新鮮趕快吃。

陳喬安——R&J Guesthouse

因為喜歡看到家人或朋友吃到好吃的料理時，從內心散發出滿足的表情，一個從不知道如何煎荷包蛋的人，就這樣一頭栽進料理和烘焙的世界裡，而且設備愈玩愈大，只是想看到因為吃到好吃，或是想吃的料理時，人們滿足的表情。

齋藤典子——宜蘭月光莊

出生京都，在東京工作到 311 東北震災後移居沖繩，以沖繩食材料理開設 6 年早餐店，2017 年來到宜蘭縣深溝村，與深溝小農們一起用友善食材做出抱麴、甘酒、味噌等發酵食品，一面種菜一面做發酵、一面研究草藥、料理，現在也以宜蘭月光莊管理人的身分，跟來自世界各地的旅人交流，並在尋找自我的旅途中。

檸檬蘆筍杯子蛋糕

創作者 R&J Guesthouse —— 陳喬安

一般人都覺得蘆筍是菜，也想試試看做甜點。因為家人不愛吃蘆筍，所以這道甜點是希望能夠讓不敢吃蘆筍的人也會吃蘆筍，並且用檸檬壓掉菜味，帶出更多清香味。

〈材料〉12 個

蛋糕體

蘆筍 100g（去皮），無鹽奶油 150g（軟化），低筋麵粉 200g（過篩），白砂糖 125g，蛋 2 顆（1 顆約 50g），香草精 10cc，檸檬汁 2.5cc，檸檬皮 2.5g，泡打粉 5g（過篩），鹽 2.5g（過篩）。

檸檬糖霜

無鹽奶油 75g（軟化），糖粉 150g，檸檬汁 5cc，檸檬皮 2g。

〈作法〉

製作蛋糕體

1. 蘆筍水煮大約 3 分鐘軟化並打成泥狀。
2. 奶油和白砂糖放入攪拌機攪拌到微白。
3. 1 次 1 顆蛋放入攪拌機，攪拌均勻才能放第 2 顆蛋。
4. 加入香草精、蘆筍泥、檸檬汁和檸檬皮攪拌均勻。
5. 將過篩好的麵粉、泡打粉和鹽放入奶油糊均勻混合到無粉狀。
6. 將混合好的麵糊均勻填入杯子蛋糕模裡約 8 分滿。
7. 放入 170℃ 烤箱烤 15 ～ 20 分鐘直到麵糊熟透。
8. 拿出置涼備用。

製作糖霜

9. 將所有糖霜的材料放入攪拌機攪拌均勻。
10. 最後將檸檬糖霜裝飾在冷卻好的杯子蛋糕上就完成囉！

TIPS

1. 奶油軟化的程度如照片，一壓就凹陷。

2. 蛋糕體在攪拌時，蛋要一顆一顆的加，不要一次全加。

3. 可以放在擠花袋裡，再擠入紙杯，擠到 8 分滿，最後才會膨脹到適合的高度。

4. 出爐之後要放在架子上徹底放涼，才能再加糖霜，不然糖霜會融化。

主廚好友真心話

法蘭

是一個很大的突破，感覺可以加上更多的蘆筍，做成淺綠色，或是加一點青花菜或菠菜的醬汁，增添顏色。

美虹

可以切一點蘆筍丁放進去試試。

典子

也可以加上起司，做成鹹口味的。

蘆筍豆漿
冷湯

創作者　宜蘭月光莊
——齋藤典子

在沖繩有種用豆漿做的湯，會在裡面加上肉類如鮪魚罐頭或是洋蔥等，感覺台灣的天氣，做冷的應該很合適，而且也不難做，我還搭配了麵包、炒蛋、炒蘆筍、當季水果、蘆筍鹽麴豆腐等。

〈材料〉4 人份
大根蘆筍 400g，鹽麴一大匙，無糖豆漿 200cc。

〈作法〉
1. 先將蘆筍下半部的硬皮削去。
2. 再將削好的蘆筍切成 3 等份，放進加了點鹽的滾水中快速汆燙。
3. 將汆燙後的蘆筍放進冰水裡冰鎮。
4. 把燙過的蘆筍、鹽麴、豆漿放在鋼盆中並用手持式攪拌機打成均勻的狀態。
5. 將作法 4 放到冰箱中冷藏，待涼之後即可食用，使用前可撒上粗粒的胡椒粉以添加風味。

TIPS

1. 汆燙後的蘆筍要泡冰水，以防止變色。

2. 和冷豆漿，鹽麴一起打勻。

3. 如果想喝細緻一點的需要過篩，蘆筍渣渣可以留下來和豆腐或是鹽麴做成醬。

主廚好友真心話

感覺太素顏了（笑），可以加一點優格進去。

美虹

湯裡可以加一點柚子胡椒或是 Tabasco，做成冷湯麵可能不錯。

陳喬安

沾麵很合適，加一點煙燻起士也很不錯。

法蘭

蘆筍嫩雞蔬菜冷麵

哇沙米油醋醬拌

創作者 美虹廚房——朱美虹

蘆筍有清甜味,和雞肉很搭,可以做一個有味道但是沒有負擔的輕食。

〈材料〉2 人份

蘆筍 300g,雞胸肉 2 片,蔬菜麵 2 片,哇沙米 2g,義大利巴沙米可醋 20g,醬油 10g,橄欖油 30g,鹽適量。
(可依個人喜好外加番茄、蔬果、水煮蛋等)

〈作法〉

1. 先將蘆筍切段加一點橄欖油烤熟(不要太熟保留口感)備用。
2. 雞胸肉用 4% 鹽水泡 1~2 小時,再用開水煮滾燜 20 分鐘,即可切片備用。(雞胸較厚的部分要先劃刀,煮時較容易熟)
3. 將哇沙米、巴沙米可醋、醬油、橄欖油拌勻。
4. 蔬菜麵燙熟,過冰水瀝乾。
5. 把所有材料擺盤完成後再淋上作法 3 的醬料即可食用。

TIPS

1. 蘆筍不要烤軟了。

2. 雞胸肉用開水煮滾就關火燜，不然會太老。

3. 醬汁需要使用攪拌棒攪拌均勻。

主廚好友真心話

典子

加了哇沙米比較不油膩，也可以加一點山椒粉或是生胡椒。

陳喬安

醬汁裡可以加一點蒜頭或是蒜末。

法蘭

吃起來舒服爽口，醬汁做成沙拉也很合適，我會在裡面再加一點洋蔥或是堅果。

蘆筍醬 蘆筍春捲佐

創作者　找找私廚——史法蘭

西式料理裡面有一道蘆筍湯，這道菜是把蘆筍做成醬，來沾也加了蘆筍的春捲，算是一物雙吃吧！

〈材料〉4 人份
春捲皮 4 張，起士片 4 片，絞肉 200g，大蝦仁 8 隻，蘆筍 1 把，蛋 1 個，鮮奶油 1 大匙，醬油 1 小匙，香油 1 小匙，鹽和胡椒適量，麵粉少許，水 1 小匙，油 1 大匙。

〈作法〉
1. 蝦仁和絞肉一起剁碎，加上胡椒和鹽、醬油、香油調味。
2. 12 根蘆筍不加油直接煎熟備用。
3. 在春捲皮中，依次鋪上蝦仁絞肉泥、起士片以及煎熟的蘆筍並捲起，再用麵粉水黏住備用。

4. 其餘 8 根蘆筍汆燙 2 分鐘後冰鎮一下，撈起來瀝乾後，與全蛋和鮮奶油打成醬，再用小鍋熱一下，加鹽和胡椒調味。

5. 加熱平底鍋倒多一點油，把作法 3 煎熟切開，再把作法 2 的其中一部分蘆筍插進去裝飾。

6. 醬汁裝飾在盤子兩旁，剩下的蘆筍排在正中間下面，上面擺上春捲即可。

TIPS

1. 能自然折斷的上半部就是不需要削皮就能吃的。

2. 將蝦肉和絞肉均勻地和在一起切碎。

3. 依次包好。

4. 醬汁需要打細一點。

主廚好友真心話

美虹

可以加一點荸薺或是蓮藕增加口感，也可以搭配生菜。

陳喬安

感覺跟泰式醬汁很搭。

典子

蘆筍醬很好吃，但也可以搭配不同的選擇如巴薩米克醋或是其他酸甜口味的醬。

南 瓜
萬聖節不可缺席的裝飾

南瓜為葫蘆科，屬一年生蔓性草本植物，
已有生產，經傳教士傳至中國南方，因
倭瓜、賣瓜、金瓜等名稱。果肉是黃
炒熟後可食。莖葉可作為青菜。

早在 16 世紀前，北美洲及南美洲秘魯
此有「南瓜」之名，其他別名如飯瓜、
色的，可食用，種籽類似瓜子，烤或

美國聯邦食品藥物管理局（FDA）
南瓜所含的 β- 胡蘿蔔素、維他
癌細胞生長；黃體素也除了具
乳癌、皮膚癌、大腸癌、食道
時連皮帶籽一起食用，可攝
及補血。

將南瓜列為 30 種抗癌蔬果之一，
命 C 和 E 等皆具抗氧化力，且可抑制
有抗氧化力，還能預防肺癌、子宮癌、
癌等癌症；南瓜籽含鋅量高，吃南瓜
取到較多的鋅，幫助預防攝護腺腫大

南瓜的纖維可幫助腸道
易有飽足感，對糖尿病
防癌之外，還具有保護
強黏膜及皮膚的健康與

多餘的糖排出體外，而且吃南瓜
患者尤佳；β- 胡蘿蔔素除可
心臟、血液系統的作用，並增
抵抗力。

食材補給站

1. 台灣主要產季：台灣全年都有生產；盛產期為 3 ～ 10 月，主要產地為屏東、嘉義、花蓮、台東。

2. 如何挑選：

   · 形狀整齊、瓜皮呈金黃而有油亮的斑紋、無蟲害為主。

   · 沉重且飽滿。

   · 瓜梗在正中間，而且不會過大或是過乾。

   · 如果已經剖開，要果肉厚實，果囊多，種子肥大。

3. 如何保存：南瓜表皮乾燥堅實，有瓜粉，能久放於陰涼處，且農藥用量較少，可以清水沖洗，若
   連皮一起食用，用菜瓜布刷洗即可。

生態廚師——楊博宇

一個因為進廚房工作，才開始學煮菜的廚師，因為一本飲食文學《雜食者的兩難》，而走上一條自己覺得無法回頭的路。現階段大部分的工作時間都要腳踏泥土，工作再累還是想持續每天吃自己煮的飯，期許每個人都能重拾「烹飪」這項最平凡的技藝。

ca：san 烘焙坊店主——yukako（由加子）

我來自日本名古屋。

10 年前小孩誕生開始玩烘焙，最初是單純為了小孩吃安全健康的麵包餅乾，後來愈來愈投入製作，從上海返台後開始參加市集販售，4 年前在羅東開一家小小烘焙坊「ca：san」提供給大家吃到美味健康的麵包點心。

南瓜是營養豐富的主食，飽足感很夠，希望能替南瓜料理加上當季蔬菜。感覺沙拉是每個人的自助餐，可以視冰箱有的食材做變化，去做屬於自己的版本。我選擇的是涼筍，跟身邊有的特殊的刺蔥葉。

刺蔥涼筍南瓜沙拉

創作者　生態廚師——楊博宇

〈材料〉2 人份

南瓜 300g（約半顆），水煮蛋 1 顆（切丁），涼筍 1 小支（切丁），炒熟花生適量（切碎，保留一些粗粒口感更好），刺蔥葉少許（切碎），糖適量。

美乃滋

生雞蛋 1 顆，芥花油（或風味淡的蔬菜油）200cc，檸檬汁 2 大匙，鹽、糖適量。

〈作法〉

1. 烤箱預熱 200 度,南瓜去籽切小塊(皮留著更營養,這時無農藥的食材就很重要了),放入烤箱烤約 15 ~ 20 分鐘(視烤箱火力),能輕鬆叉起就表示熟了,可以順便試吃原味,烤熟放涼。蒸熟也行,用烤的定型效果較好。

2. 同時打美乃滋,先取出蛋黃,加一點鹽用打蛋器攪拌均勻,蛋黃些微變色後,加一點油,確定有融合後,再慢慢加入剩餘的油,成濃稠狀後再擠上一點檸檬汁,確定油水融合,太稀可以加油、太濃稠就加檸檬汁調整。

3. 冷卻的南瓜拌入適量美乃滋、水煮蛋、涼筍,要吃之前再灑上花生碎和刺蔥末。

TIPS

1. 南瓜用烤的和水煮蒸的香氣不一樣。

2. 新鮮刺蔥的葉背都是刺,要徹底清除才能食用。

3. 美乃滋自己打比較安心,一次不要打太多,最好當天吃完。

4. 食材切大塊才會搭配的相得益彰。

主廚好友真心話

美虹

很清爽,很想加點蘋果或是鳳梨這種有酸度的食材進去。

法蘭

也可以加果乾,建議筍子可以切小塊一點,因為竹筍的味道較清淡,吃大塊會被淡化味覺。也可以炙燒一下或是乾煎一下再放入。

由加子

我也會覺得加當季水果進去會很提味。

南瓜大阪燒

創作者　美虹廚房──朱美虹

大阪燒一般是用麵粉，而南瓜本身是優質澱粉，已經可以取代麵粉，再加一點米穀粉和地瓜粉，是比較健康的大阪燒。

〈材料〉2 人份

南瓜 120g，米穀粉（或中、低筋麵粉）120g，地瓜粉 10g，大阪燒醬適量，日式美乃滋適量，柴魚片適量，蛋 1 顆，油少許。

〈作法〉

1. 先將南瓜磨泥備用。
2. 將麵粉、地瓜粉還有南瓜泥跟蛋全部放在盆中，然後攪拌均勻成麵糊。
3. 在平底鍋中放一點油煎麵糊，煎至兩面微焦即可起鍋。
4. 將作法 3 放置於盤子上，再把大阪燒醬、日式美乃滋分別淋上，最後放上柴魚片就完成了。

TIPS

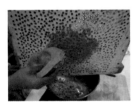  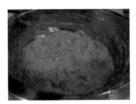 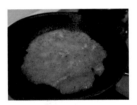

1. 用細一點的板子磨南瓜泥。
2. 加入一點米粉和地瓜粉協助成型。
3. 一開始感覺較濕潤。
4. 煎完之後就會成型。

主廚好友真心話

法蘭

現在是生泥直接去煎，如果用熟泥口感應該會更溫潤。

博宇

也是建議試試看熟泥，口感應該會更甜。

由加子

建議餅裡面可以加一點烤熟後的南瓜丁，柴魚片也可以用醃漬南瓜片代替看看。

南瓜蔬菜鹹蛋糕

創作者　ca:san 烘焙坊
──── yukako（由加子）

台灣的南瓜水分很高，並不適合做蛋糕，所以選用栗子南瓜來做。可以把小孩子不愛的蔬菜加進來，用南瓜的甜味增加他們的喜好。

〈材料〉4 人份或

　　　7cm ✕ 6cm ✕ 16cm 方形模一個

低筋麵粉 100g，泡打粉 3g，雞蛋 100～
110g，鮮奶油 10g，牛奶 90g，橄欖油
45g，胡椒、鹽巴少許，培根 2 片，南瓜
50g，洋蔥 150g，花椰菜 50g，紅甜椒
30g，快樂牛起司 50g，帕瑪森起司 30g。

〈作法〉

1. 先將烤箱預熱 210 度。
2. 把蔬菜（南瓜、洋蔥、花椰菜、紅甜椒）
   和培根都一起切成同樣容易入口的大小。
3. 炒切好的材料（先炒南瓜、花椰菜等硬的
   蔬菜）再加胡椒、鹽調味。

4. 炒熟了之後先放進盆子裡放涼備用。
5. 另外取一較大的盆子裡放進雞蛋打散，再
   加牛奶、鮮奶油、快樂牛起司、帕瑪森起
   司、橄欖油攪拌好後把剛剛炒好的材料一
   起放進來。
6. 將麵粉過篩後，與泡打粉加入作法 5 中，
   攪拌後放進模具裡。
7. 將模具輕輕敲打桌子 2、3 次排出麵團中
   的空氣。
8. 烤箱 200 度烤約 40～60 分鐘。
9. 烤完馬上從模具拿出來，旁邊的烘焙紙拿
   下來放涼，待涼後即可切片食用。

* 如果需要冷藏保存時，在還剩一點點溫度
時用保鮮膜直接包起來，這樣可以保持濕潤
不乾燥。

TIPS

  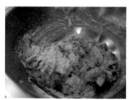 

1. 食材切丁時，不要切
   得太大塊。
2. 用炒熟的比較香。
3. 拌勻時會感覺濕潤。
4. 要等放涼再切片。

主廚好友真心話

小朋友真的會喜
歡，加香腸也合
適，如果是我
做，也許還會加
一些綜合香料。

法蘭

也可以使用一些
當季食材或是邊
角料（切割後剩
下的食材）去做。

美虹

培根的存
在對提味
很重要。

博宇

在雲南曾經吃過青木瓜梅子南瓜湯，酸酸甜甜的味道很難忘，所以想創作一道西式的紫蘇梅南瓜醬，夏天吃很清爽開胃，搭配海鮮也可以去腥。

〈材料〉2 人份
南瓜半顆，紫蘇梅汁 2 大匙，紫蘇葉 4 瓣，黃瓜一條，魚片 2 片，大蝦 2 尾，鹽和胡椒適量，蘋果醋（或是米醋）2 大匙，雞高湯 2 大匙。

紫蘇南瓜海鮮盤

創作者 —— 找找私廚 —— 史法蘭

〈作法〉

1. 一部分南瓜切細絲片，用蘋果醋和紫蘇梅汁 1 大匙醃漬一天。
2. 另一部分南瓜去皮蒸熟，與雞高湯、紫蘇梅汁 1 大匙一起打成醬汁，最後加一點鹽調味。
3. 黃瓜切小片用鹽抓一下。
4. 把魚片和蝦煎熟，用鹽和胡椒調味。
5. 盤底放上醬汁，逐層放上黃瓜、海鮮、醃漬南瓜片和紫蘇葉。

TIPS

1. 醃漬南瓜前要將南瓜削成薄片。

2. 黃瓜要抓一下鹽，才不會有生味。

3. 南瓜醬汁不要帶皮，不然顏色會不好看。

4. 蝦子要去殼去蝦腸，直接用剪刀從後背剪開就可以。

主廚好友真心話

博宇

我覺得沒有小黃瓜也可以，醬汁如果能將紫蘇葉打入，味道會更明顯。

美虹

小黃瓜和紫蘇梅油醋可以一起醃漬，如果這道的魚變成白帶魚捲，中間夾紫蘇葉也可以。

由加子

用櫛瓜取代小黃瓜，一起和紫蘇醃漬應該也很搭。

麻竹筍
筍子界裡的大塊頭

有「筍中霸王」稱號的麻竹筍，多種於山區，葉子還可製成粽葉，生長速度快，香氣濃，是一般竹筍中體型較大的。麻竹筍，外形筆直、呈圓錐狀，筍殼略帶淡綠黃色，肉質較粗、纖維多，適合切片煮湯、切絲快炒、醃製醬筍，或曬成筍乾另做其他料理。

麻竹筍營養豐富，含有大量的高蛋白、水分，以及豐富的鈣、磷、鐵、微量元素和無機鹽；又屬天然低脂、低熱量食品，其吸附力又強，能吸附很多脂肪的顆粒細胞，對肥胖者減肥排脂有一定的作用。同時可以促進食物發酵，提升人體免疫能力，能促進腸道蠕動，幫助消化，去積食，有效改善體質。

但筍屬於「發物」（誘發舊病），因此若是有皮膚癢的問題，尤其是患有異位性皮膚炎的人，應避免吃筍。

同時因為纖維質豐富，非屬水溶性，根據《食療本草》的記載，竹筍比較難消化，脾胃有病者不宜。

食材補給站

1. 台灣主要產季：4 ～ 10 月，主要產地為雲林、台中、南投、嘉義等地。

2. 如何挑選：

   · 筍尖不可發青，必須是淺黃色的。如果筍尖發青，就是開始老了，愈是深綠則愈苦。

   · 切口要細緻白皙，不可有腐爛或臭屁味。

   · 筍身筆直。

3. 如何保存：買回家後儘快處理，以阻止筍繼續老化而粗老。清洗完後，把竹筍放入鍋中，投入一小匙的糙米和鹽；加入足量可淹沒竹筍的水，蓋上鍋蓋待水煮沸，改轉最小火，煮三十分鐘後關火，不開蓋繼續燜著，直到整鍋放涼之後冷藏。

寧菠小館——鄧玲如

攜手台灣在地小農，秉持著「吃在地、食當季」理念，合作研製多元口味的特色料理。

目的不只是好吃，更重要的是，能夠讓好的食材重新被認識，顛覆傳統做法與想像。

用「健康」食材，煮出一道道「愛」的料理與客人「分享」美味，讓消費者吃到最自然、最健康的美味好食，找回人與土地之間，親密連結的美好味道。

寧菠小館——沈朝棋

拜師 83 歲陳明厚老師傅學習廚藝，並傳承老師傅的深厚功夫手藝，運用在地當季食材研發創意特色料理、麵食及糕點類，所製作的黃金竹筍糕連續兩年榮獲台中市十大伴手禮首獎，並參與觀光局山城大地餐桌料理主廚！

用鮮竹筍的甜味搭配豆腐皮的豆香，而中間的絞肉用醬筍來調味， 兩種筍子的呈現。

雙筍豆皮捲

創作者 美虹廚房——朱美虹

〈材料〉 4 人份
麻竹筍 300g，醬筍 70g，絞肉 200g，醬油少許，糖少許，酒少許，胡椒少許，炸豆腐皮 2 大片，韭菜 4 ～ 5 根。

〈作法〉
1. 先將麻竹筍及韭菜燙熟放涼備用，麻竹筍放涼後切成小丁。
2. 將絞肉、醬筍拌勻之後加入竹筍，再用糖、酒、胡椒粉及醬油調味。
3. 將作法 2 用炸豆腐皮捲起，用中火蒸 10 分鐘之後取出。
4. 再把作法 3 切成小段，外側用韭菜捲起裝飾即完成。

TIPS	主廚好友真心話

1. 醬筍要壓成泥，與絞肉拌勻。

2. 如果豆腐皮可以做福袋，把肉泥
   裝進去，如果不能，用捲的包裹
   起來。

3. 用蒸的能確保全熟。

4. 韭菜最後裝飾。

朝棋

加一點豆腐乳
會更提味，也
可以做成醬淋
上去。

法蘭

絞肉的調味可
以更重一點，
也可以加一些
蔥薑蒜。

玲如

筍丁可以更大一
點會有存在感。

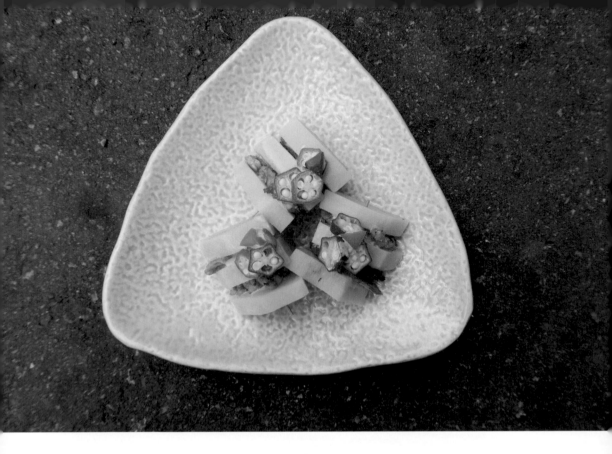

麻竹筍蝦子豆皮三明治

創作者　找找私廚——史法蘭

竹筍是脆脆的,有清香但味道不明顯,所以用蝦子以及醬油煎過的豆皮,加上腐乳醬去提味,做成一個小前菜。

〈材料〉4人份
麻竹筍一根,清豆皮2片,蝦仁8隻,醬油2大匙,豆腐乳1小匙,美乃滋2大匙,秋葵1根,鹽胡椒少許。

〈作法〉
1. 麻竹筍煮熟後,放涼剝殼切塊備用。
2. 秋葵汆燙2分鐘泡冰水,切片備用。
3. 清豆皮油煎到酥,起鍋前加一匙醬油。
4. 醬油一匙與美乃滋一匙攪拌均勻。
5. 蝦仁壓成泥,與豆腐乳攪拌均勻,再香煎至熟。
6. 筍子抹上醬油美乃滋,加上蝦肉,夾一片筍子,再夾一片豆皮, 一片筍子,先用牙籤固定,食用之前再拔掉,放上秋葵裝飾。

TIPS

1. 秋葵燙熟後泡冰水。

2. 蝦仁要先用豆腐乳調味過。

3. 再煎到香脆。

4. 豆皮也是要煎到有一點焦香。

主廚好友真心話

筍片可以薄一點，也可以加點番茄或是生菜，會更有趣。

朝棋

筍片薄一點，其他的味道比較明顯。

玲如

醬料也可以考慮用哇沙米。

美虹

避風塘
瘋味筍

創作者 寧菠小館
——沈朝棋

想要做不一樣的重口味，因為筍子很清甜，但沒有特殊味道，希望這道菜會讓人有驚喜感，好像不斷挖寶。

〈材料〉5 人份

臭豆腐 3 塊，竹筍切丁 2 公分 16 塊，皮蛋 2 顆，宮保大辣椒少許，蒜頭搗碎 2 兩，剝好的白蝦 10 隻，大蔥 3 根，炸好麵籃一個，鹽少許，七味粉少許，酥炸粉少許，白胡椒粉少許。

〈作法〉

1. 將臭豆腐及竹筍切小塊，沾鹽、七味粉、白胡椒粉、酥炸粉下去油炸備用。
2. 皮蛋剝好也切成小丁油炸備用。
3. 蒜碎用油炸酥後，放宮保辣椒及大蔥攪拌均勻。
4. 再放臭豆腐、筍丁、皮蛋及剝殼蝦仁。
5. 攪拌起鍋，放入炸好的麵籃即完成。

TIPS

1. 麵條籃的做法。

2. 食材都要先炸過。

3. 先把所有的辛香料爆炒均勻，再加入食材。

主廚好友真心話

很想加花生。

美虹

如果不敢吃臭豆腐，用油豆腐也很不錯。

法蘭

可以搭配清爽的泡菜一起吃解膩。

玲如

黃金筍八寶
辣醬布袋餅

創作者　寧菠小館——鄧玲如

八寶辣醬是外省家常菜，但很少人做，竹筍作為一個要角，層次會很豐富，可以拌麵或是夾饅頭，這次是用燒餅來裝盛。

〈材料〉5 人份

豆干 4 塊，乾香菇 5 朵，新鮮麻竹筍 1/4 個，毛豆 5 兩，豬五花 4 兩，芋頭 5 兩，花生 4 兩，大辣辣椒 2 根，小黃瓜 1 條，燒餅 5 個，豆瓣醬 2 大匙，甜麵醬 2 大匙，辣椒醬 1 匙，鹽少許，糖少許，香油少許，白胡椒少許。

〈作法〉

1. 先將香菇泡水後切丁備用，再將豆干、麻竹筍、五花肉、芋頭、大辣椒切丁備用。
2. 起油鍋將芋頭炸至金黃色備用，再將豆干、麻竹筍、花生、小黃瓜、毛豆汆燙後備用。
3. 熱鍋下油爆香菇跟五花肉，再爆炒甜麵醬、辣豆瓣醬、辣椒醬，加入鹽、糖、胡椒，炒香後加入筍丁、毛豆、豆干、芋頭、小黃瓜、辣椒丁及花生，大火快炒加入香油後起鍋完成。
4. 將燒餅對切，放入好的黃金筍八寶醬，擺盤即完成。

TIPS

1. 芋頭要炸過，才會有酥脆口感。
2. 其他的材料都要先汆燙過。
3. 醬料要爆炒出香氣。
4. 再加入其他食材拌炒才會入味均勻。

主廚好友真心話

 可以再辣一點。

朝棋

 也可以用捲餅，加點豆芽菜。

美虹

薄燒餅會更搭，如果用捲餅也可以加筍絲。

法蘭

小黃瓜

清脆爽口的夏日風情

黃瓜原產印度，西漢時期張騫出使西域時將其引入中原，稱為「胡瓜」。有一說法因隋煬帝忌諱胡人，將其改為「黃瓜」；另一說法是五胡十六國時，趙皇帝石勒忌諱胡字，漢臣襄國郡守樊坦因此將其改為黃瓜。

小黃瓜是一年生攀緣草本，嫩果可以生吃也可以榨汁。

含水量極高，且含丙醇二酸，可抑制糖類轉化為脂肪，被視為減肥食品。嫩籽含維生素E較多，中醫認為其味甘、性涼，可除熱、利尿、解毒。

食材補給站 ●

1. 台灣主要產季與產地：3～11 月；12～2 月，主要產地為苗栗、台中、南投、花蓮、高雄及屏東。

2. 如何挑選：

· 蒂頭的肩頭隆起飽滿。

· 富彈性，拿在手上會覺得比外表重。

· 折斷後會有汁液滲出，具有高修復力，如果馬上接回去，還會緊密貼合。

3. 如何保存：盡量不要吹到風，不然會乾萎。以報紙包裹，常溫保存，2～3 天之內吃完，未吃完的以紙巾包裹冷藏。

About Chef
客座廚師大公開

蔬果料理會舉行地點：宜蘭找找私廚

青青餐廳——施捷宜

生於 7 年級末班車的台北土城，臺菜世家第 4 代，老祖宗基因奔騰流串著對「食」的狂樂著魔。開平餐飲學校烘焙系畢業後，於業界四處奔波就職 2 年，感受到國際觀的重要性。在家人支持下，20 歲獨自提著兩皮箱，去了人稱美食聖地「法國」取經，歷經水深火熱米其林餐廳、Bistro、MOF 甜點店等。深深著迷大自然探索、產地生態到餐桌的熱情蠢蠢欲動，回頭過來，帶著對台灣的思念和希望回家了。

青青餐廳——施捷夫

我出生於四代從事餐飲相關產業的家庭。父親是有名的臺菜大廚，從事中餐有四十多年。我 12 歲之後開始在父親的餐館裡打工，對美食、葡萄酒和烹飪產生了興趣，因為姐姐的一句話「做人和做事都是一樣由內到外的」，下定決心開始學習烹飪。有 7 年廚藝學校的經驗和多次籌備新店開幕的經驗，每一年都會參加各種國內外廚藝競賽，同時擁有初階侍酒師證照、中餐和西餐的專業證照、還有餐飲國際管理的證書。我每天都充滿熱情與活力地工作，負責任的對待每一道菜、每一位顧客、以及每一位工作夥伴。

創作者　美虹廚房──朱美虹

養樂多鹽麴
小黃瓜捲

夏天吃小黃瓜是非常清爽的，很希望做一道不油膩的小菜，酸酸甜甜的感覺。

〈材料〉2 人份

小黃瓜 1 根，養樂多 300g，鹽麴 10g，火腿片 1 片 (生火腿也可以)，起士片 1 片，蘋果 1/3 顆。

〈作法〉

1. 先將養樂多、鹽麴拌勻成醃漬的醬汁。
2. 小黃瓜用刨刀削成薄片，泡進作法 1 中，放進冷藏冰一晚。
3. 將火腿、起士切成長條狀，蘋果用刨刀削成片，泡鹽水，撈起瀝乾。
4. 把冷藏一晚，漬過的小黃瓜片取出，捲上火腿片、起士片、蘋果片，即可上菜。

TIPS

  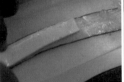 

1. 先做好醃汁。　　2. 食材切成等寬捲起比較好看。

主廚好友真心話

感覺如果有更多的香料，會更有驚喜感。

捷宜

可以放一點明顯酸度的食材如橄欖、酸黃瓜等，會更有層次。

捷夫

醬汁裡面放一點 sour cream 會更柔和一點。

法蘭

紫蘇彩蔬大蝦黃瓜涼麵

創作者　找找私廚——史法蘭

因為在控制體重的關係，所以任何可以拿來取代糖類的都會想試試看。

這道菜用黃瓜做麵條，配上蔬果和蝦子，營養滿分，也可以用菇類換掉蝦子，都是很清爽的選擇。

比較特別的是，黃瓜籽很清甜，可以拿來做醬汁。

〈材料〉4 人份

麵條

小黃瓜 4 條，酪梨 1 顆，牛番茄 1 顆，紅黃彩椒各半顆，櫻桃蘿蔔 1 顆，紫蘇葉 4 片，大蝦 8 隻，鹽和胡椒。

醬料

柴魚高湯或是昆布高湯 40cc，味醂 1 小匙，糖 1/4 小匙，日式醬油，紫蘇梅汁 1 大匙，辣椒 1 根。

〈作法〉

1. 黃瓜用削皮刀削成長條，黃瓜籽單獨留下來，並用鹽抓一下再用開水清洗掉。
2. 酪梨、牛番茄、彩椒切成丁，櫻桃蘿蔔切片，紫蘇葉撕成片。
3. 蝦去蝦腸後，香煎到熟，並用鹽以及胡椒調味。
4. 辣椒切段，並與所有醬汁的材料混和均勻，把剛才留下的黃瓜籽也加進去。
5. 把黃瓜放底下，蔬果丁和紫蘇葉隨意地灑在四周，最後堆疊上蝦子即可。

TIPS

1. 要避開籽，不然黃瓜條會太軟。
2. 蔬果丁要切成一樣的大小才會好看。
3. 用鹽抓一下才能彎曲，但不要太久否則會塌掉。
4. 黃瓜籽有甜味，可以做成醬。

主廚好友真心話

可以更辣一點，然後加更多的熱帶水果。

捷宜

如果能放一點野薑花，會很有驚喜。

捷夫

也可以直接在醬汁裡面加上嫩薑絲，可以提味。

美虹

049

小黃瓜花園沙拉

創作者　青青餐廳——施捷夫

我希望能保留小黃瓜的清甜味,凸顯新鮮的感覺,所以想做沙拉,並且用不同的形態呈現,再加上比較清爽的醬料,期望更能提升它的香氣。

〈材料〉4 人份

主食材
小黃瓜 3 根,手指小黃瓜 2 根。

裝飾
黃瓜花 8 朵,蒔蘿適量,冰草適量,迷你芝麻菜適量,軟質羊奶酪 40 克。

油醋汁
檸檬汁 25 克,初榨橄欖油 50 克,黑胡椒少許,海鹽 4 克,檸檬皮少許,蜂蜜 5 克。

青豆泥
青豆 200 克,菠菜葉 60 克,薄荷葉 20 克。

酸奶泡沫

酸奶油 80 克，蛋白 30 克，檸檬汁 30 克，大豆卵磷脂 2 克。

黃瓜捲 & 芥末籽醃汁

鹽 5 克，糖 15 克，白巴薩米克醋 150 克，芥末籽適量。

〈作法〉

1. 將主食材的小黃瓜分成 3 個部分，第 1 個為捲黃瓜，利用刨片機將黃瓜從頭到尾刨成 0.1 公分厚、12 公分長的薄片。第 2 個為黃瓜沙拉的沙拉底，將整條的黃瓜利用刨片機，將黃瓜從頭到尾刨成 0.05 公分厚長的薄片，泡入冰塊水中備用。第 3 個為黃瓜圓片，將黃瓜橫向切成 0.2 公分厚的圓片即可。

2. 手指小黃瓜從頭到尾切成對半備用。

3. 先製作黃瓜捲與芥末籽的醃汁，將鹽、糖、白巴薩米克醋煮至 90 度之後離火放涼，將製作黃瓜捲的黃瓜片泡在醃汁當中約 15 分鐘，再將其捲起來就完成黃瓜捲。

4. 將所有乾燥的芥茉籽放入至少 300 克的滾水當中，保持水滾煮約 15 分鐘後，放入醃汁當中醃製至少 24 小時候就完成醃漬芥茉籽了。

5. 將油醋汁所有的食材混和均勻後製作成油醋汁備用。

6. 將冷凍青豆用滾水煮 1 分鐘後加入菠菜葉再煮 1 分鐘後關火，將青豆與菠菜葉撈出後放入冰塊水中降溫，降溫後再將青豆與菠菜葉取出瀝乾，放入果汁機中，加入薄荷葉打成非常細緻的泥狀，用細篩網過篩後就完成了青豆泥。

7. 將酸奶泡沫所有的食材放入調理杯當中，用手持式攪拌機打至發泡即可。

8. 擺盤前將沙拉底的黃瓜片與切對半的手指黃瓜拌入油醋汁備用。

9. 在盤中加放入一大杓的青豆泥、鋪上沙拉底的黃瓜與手指黃瓜，再將所有的裝飾均勻有美感地擺在盤中，最後淋上酸奶泡沫即可完成。

TIPS

1. 利用削皮器，維持寬度一致。

2. 挖球器也是不同型態的好幫手。

3. 青豆醬加一點菠菜進來會有助於更漂亮的顏色。

4. 如果需要削檸檬皮，只能薄薄一層，不然會苦。

主廚好友真心話

可以放入烤過的杏仁或是松子，有助提升香氣，也可以加一點發酵的黃瓜去增加趣味感。

法蘭

建議要有更脆口感的食材，而且要確保冰冰的吃才好吃。

捷宜

建議更多的堅果或是水果。

美虹

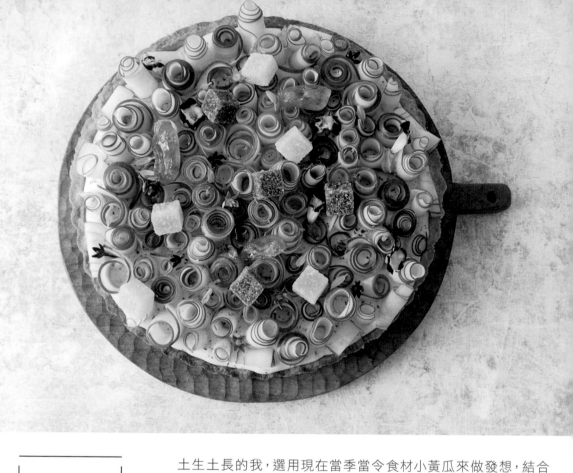

黃瓜香檸派對

創作者 青青餐廳——施捷宜

土生土長的我,選用現在當季當令食材小黃瓜來做發想,結合宜蘭糖漬金棗、當季檸檬。而創意發想是有一天在爬山,一心只想往上爬,覺得下山後一定要來一杯 Gin tonic,這樣的心情來創作結合。

〈材料〉6 吋

塔皮

低筋麵粉 150g,無鹽奶油 90g,細砂糖 20g,鹽巴少許,蛋黃 1 顆。

費南雪

蛋白 50g,糖粉 50g,奶油 50g·杏仁粉 30g,低筋麵粉 20g。

黃瓜香檸餡

小黃瓜汁 120g,綠檸檬汁 30g,細砂糖 30g,全蛋 2 顆 (80g),奶油 120g,羅勒油 2g,薄荷 3g,綠檸檬皮 1 顆,小黃瓜 2 條,琴酒。

〈作法〉

1. 塔皮的原料均勻混合放置冰箱靜置一小時後，拿出桿開至 3 ～ 4mm 厚度，放置模具中輕壓，使邊緣貼緊塔模。再以叉子在底部戳洞，鬆弛半小時後灌入混合均勻的費南雪蛋糕麵糊放入烤溫 160 度烤箱烤約 20 ～ 25 分鐘呈金黃色即可出爐。

2. 小黃瓜汁和檸檬汁煮滾後沖入攪拌均勻的全蛋、細砂糖。

3. 加入薄荷葉，煮至冒泡後起鍋，降溫至 45 度。

4. 降溫後取出薄荷葉，加入奶油、羅勒油和綠檸檬皮。

5. 刷滿琴酒後，黃瓜香檸餡灌入塔皮蛋糕內，小黃瓜削薄片擺設裝飾，另外也可以加上手邊有的軟糖等。

TIPS

1. 麵皮和壓模要平均厚度。

2. 灌蛋糕糊。

3. 要刷上琴酒。

4. 最上層是黃瓜香檸餡。

主廚好友真心話

黃瓜的數量可以少一點點，然後餡料更酸一點。

美虹

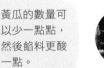

個人希望能用蛋白霜取代軟糖。

捷夫

感覺可以搭配果乾，例如檸檬乾，會更有層次，部分黃瓜也可以蜜漬，吃起來會有變化。

法蘭

毛豆

富含天然植物雌激素

成熟度 80% 時摘下的大豆，也可以說是大豆的「小時候」，這時的豆莢是綠色而且有茸毛，不過顆粒較大，所以叫做「毛豆」，日本稱為「枝豆」。台灣常見的毛豆品種有高雄 7 號、9 號、11 號和 12 號，這幾種莢果大而飽滿，果粒也較甜；主要外銷日本。

毛豆含有大量的氨基酸、膳食纖維、卵磷脂、大豆異黃酮、維生素 B，以及豐富容易吸收的鈣、磷、鎂，對血糖與體重有控制效果，還有利於降低血壓和膽固醇；卵磷脂則是大腦發育不可缺少的營養成分之一，而大豆異黃酮被稱為天然植物雌激素，也能防止骨質疏鬆。

食材補給站

1. 主要產季：4 ～ 6 月，11 ～ 12 月，主要產地為雲林、高雄、屏東。

2. 如何挑選：

· 豆粒隆起愈明顯的愈好。若用手輕輕一碰豆莢就裂開，並且豆子和薄膜分離的毛豆，就是不夠新鮮。

· 如果剝開外殼挑選，可以觀察豆子頂端，像指甲一樣的月牙形部分的顏色，呈淺綠色的表示毛豆很嫩適合食用，呈黑色的就不要挑選了。

3. 如何保存：新鮮的毛豆在冰箱冷藏室裡放一夜，第 2 天就容易變酸。若想長時間保存，當天水煮並拌點鹽，冷了之後放袋，進冰箱冷凍室，這樣可保存很久。

4. 如何料理：

· 煮沸毛豆時將白色泡沫撈除，就能減少脹氣發生。

· 因為可以連莢一起食用，所以清洗要特別注意，如果有被蟲咬過的就要扔掉。

· 用鹽水煮毛豆，豆子容易變硬，所以要等水煮完再撒鹽。

· 水煮時，水沸騰後加入豆子，轉小火慢慢降溫，才會讓澱粉質糖化，釋出甜味，莢果開口就是完成了。

About Chef
客座廚師大公開

料理會舉行地點：宜蘭慢島生活

Salo —— TR Restaurant - Hotel Indigo Taipei North

農學院背景再加上生命科學院的洗禮，對於自然萬物充滿好奇心，尤其是對於植物，有股難以言喻的狂愛和莫名的熱情；生性好吃，喜愛下廚料理，因此前往巴黎廚藝學校 Ferrandi 研習法式料理，堅定踏上廚藝之路。隨後於法國小島上米其林二星餐廳 La Marine 實習，回台後經歷了 Orchid Restaurant 和 Chefs Club Taipei，目前任職於 TR Restaurant - Hotel Indigo Taipei North，擔任 Chef de Partie 一職，與 Chef Frederic Jullien 一同共事。

留安昇 Chage —— 瘋活三生

2019 年 3 月，參加 Asia's 50 Best Restaurants，有一場關於永續與廚師之間關係的餐飲講座，其中一段話讓人印象深刻：「廚師料理食物，而食物生長在土地，所以廚師理應當是要最了解且最親近土地的人。」

因為這段話，我更堅定地希望成為一名台灣最貼近土地的廚師！恰巧同年也參加了「台灣生態廚師」，有幸的是我也是其中一員，以「生態島」的願景，重新檢視身為食物的生產者、料理人，可以如何以更為永續、貼地的方式，和土地和諧共存共融。因為這些契機創立了屬於自己的工作室：「瘋活三生」。

毛豆蝦餅佐奶油醬油

創作者　找找私廚——史法蘭

我很喜歡吃毛豆炒蝦仁，想要把這兩個食材變化一下，用不同的方式呈現，所以試試看把它們打碎做成餅，但還是要包入一部分完整的蝦仁和毛豆。這是一道很簡單但清爽的前菜。

〈材料〉4 人份

水煮毛豆 250g，馬鈴薯 1/2 顆，蝦仁 6 隻，蛋一顆，鹽和胡椒適量，鮮奶油 1 大匙，奶油 1 小塊，醬油 1 大匙。

〈作法〉

1. 把水煮毛豆的殼剝掉，去膜。
2. 馬鈴薯蒸熟。
3. 保留一把完整的毛豆和 2 隻蝦仁切丁備用，其他的毛豆、蝦仁、鮮奶油、蛋和馬鈴薯，以及鹽和胡椒，全部用食物調理器打成泥。
4. 將作法 3 整理成型，記得包入完整的毛豆和蝦仁丁，煎熟上色。
5. 熱鍋小火下奶油，立刻倒入醬油乳化。
6. 盛盤。

TIPS

1. 毛豆去膜

2. 打成泥口感才會好。

3. 不需要打得太稀，可以適度保留一點粗粒的口感。

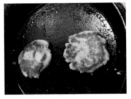

4. 如果在手上整型困難，也可以在煎鍋裡用鏟子協助整型。

主廚好友真心話

也可以做成球狀用炸的，外皮是脆的，中間是馬鈴薯，裡面是蝦仁和毛豆。

Chage

可以加上花枝漿或是魚漿，會更加 Q 彈。

美虹

可以把馬鈴薯泥的比例提高一點。

Salo

綠色毛豆牧羊派

創作者　瘋活三生——留安昇 Chage

毛豆的可塑性很高，風味特別，很多小朋友會抗拒。這道菜的創意來源是嬰兒副食品，把毛豆和馬鈴薯打成泥，然後做成派，變化性大也很百搭。

〈材料〉2 人份
馬鈴薯 150g，毛豆 100g，菠菜汁 30g，奶油 30g，煙燻紅椒粉 5g，檸檬汁 5g，雞高湯 20g，鹽少許，白胡椒少許，豬絞肉 60g，洋蔥丁 10g。

〈作法〉

1. 馬鈴薯大火蒸一小時，趁熱去皮、過篩置
   入盆中，毛豆用熱水燙過，燙熟、去殼，
   放入果汁機，取部分馬鈴薯泥也放入果汁
   機打勻，再倒回馬鈴薯泥中。

2. 再將奶油、菠菜汁、檸檬汁、雞高湯、鹽、
   白胡椒一起放入盆中拌勻，呈綠色乾泥
   狀，過篩後放入擠花袋。

3. 豬絞肉、洋蔥丁、煙燻紅椒粉、鹽、白胡
   椒一起放入盆中，打出筋性，放入圓模中
   定型，熱鍋煎肉，煎至2面上色，取出。

4. 烤箱200度預熱10分鐘，再把煎好的豬
   肉排上，擠上毛豆馬鈴薯泥，進烤箱烤
   10～15分鐘，取出擺盤。

TIPS

1. 馬鈴薯要過篩。

2. 肉餡先攪拌調味好。

3. 入模型固定。

4. 記得最後的毛豆泥也
   要過篩。

主廚好友真心話

很有層次，想
再加點起士。

法蘭

可以加一點
堅硬口感的
食材進去。

美虹

口感可以更
濕潤一點。

Salo

松露毛豆麵疙瘩

創作者　TR Restaurant —— Salo

毛豆一般都是配菜，這次想把它變成主食，所以做成麵疙瘩。

〈材料〉2 人份

馬鈴薯 500g，杜蘭小麥麵粉 50g，雞蛋 1 顆，毛豆 100g，鴻禧菇 100g，鹽巴和黑胡椒少許，松露醬少許，雞高湯 350g，奶油 50g，帕馬森起司 1 小塊。

〈作法〉

1. 馬鈴薯大火蒸 1 小時，趁熱去皮、過篩，之後拌入杜蘭小麥麵粉、雞蛋和切碎的毛豆，成團即可，勿過度攪拌、搓揉。

2. 工作檯面上灑杜蘭小麥麵粉以防沾黏，將馬鈴薯麵團揉成長條狀，再切成小塊，最後以叉子塑形。

3. 起一鍋水，水滾後加入些許鹽巴，再加入馬鈴薯麵疙瘩，煮至浮起即可撈起，略沖冷水備用。

4. 毛豆以油清炒，鴻禧菇煎炒至金黃色，以鹽巴和黑胡椒調味，作為配菜擺盤。

5. 取一有深度的炒鍋，鍋內倒入雞高湯，大火煮滾後稍微濃縮體積，隨後加入奶油，煮至濃稠，再加入馬鈴薯麵疙瘩，之後加入松露醬和煮熟毛豆，拌炒一下，以鹽巴和黑胡椒調味，即可起鍋。

6. 放上清炒的毛豆和乾煎上色的鴻禧菇，刨幾片帕馬森起司，即可食用。

TIPS

 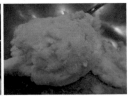

1. 馬鈴薯要用蒸的水分才不會太多，過篩要很細，背後呈毛絮狀。

2. 麵疙瘩整型不要來回壓。

主廚好友真心話

法蘭

毛豆的角色還是弱了一點，建議可以一部分做成醬汁跟麵團一起，做成白色和綠色的花式麵疙瘩，應該會很有趣。

美虹

毛豆可以更多一點，或是也可以有全用毛豆的，就會有雙色麵疙瘩。

Chage

如果把松露醬換掉，用清爽的檸檬奶油去做，應該也不錯。

毛豆水羊羹

創作者　美虹廚房——朱美虹

毛豆是豆類，紅豆也是豆類，所以想到用毛豆取代紅豆做羊羹，會很清爽。

〈材料〉4 人份

毛豆 150g，水 300g，二砂 120g，洋菜（條狀）60g，紅心芭樂果醬 1 大匙。

〈作法〉

1. 先將洋菜剪碎泡進水中 1～2 小時。
2. 將毛豆仁用水煮熟後再將其搗成泥狀。
3. 將作法 1 用小火慢慢煮到溶化再加入糖及分批加入毛豆泥，期間一直攪拌至沸騰。
4. 準備一個容器把作法 3 過篩，做出來的口感會比較綿密。
5. 放入冰箱冷藏，凝固後即可切片，加上紅心芭樂果醬一起享用。

TIPS

1. 洋菜要泡水。

2. 毛豆用搗的才不會因為機器的熱能影響到香氣。

3. 毛豆泥記得要分次加入糖水。

4. 之後再過篩。

主廚好友真心話

好特別，建議紅心芭樂果醬可以加一點檸檬汁或是薄荷葉。

法蘭

如果減糖之後，就是蔬菜凍了。

Chage

可以做小一點配上香草，會有前菜感，也可以加一點完整的毛豆進去。

Salo

小米
好消化還能助睡眠

小米為禾本科之一年生作物,又名「栗」,是原住民光復前及光復初期的主要糧食。

小米是一種營養豐富的糧食,蛋白質含量高於大米和玉米,脂肪、熱量、硫胺素和維生素E含量高於大米和小麥粉,用它煮飯或熬粥,色、香、味俱佳,並且容易被人體消化吸收,有「代參湯」之美稱。

雖屬於雜糧作物,但是種類較多,包括粳性小米、糯性小米、黃小米、白小米、綠小米、黑小米及香小米等。

營養成分:維生素B、E、膳食纖維、有機硒、鈣、鐵,具有防治消化不良、防止泛胃、嘔吐滋陰養血的功效,除含有豐富的營養成分外,小米中色氨酸含量為穀類之首,色氨酸有調節睡眠的作用。中醫認為,小米味甘鹹,有清熱解渴、健胃除濕、和胃安眠等功效。用小米煮粥,睡前服用,易使人安然入睡。

食材補給站

1. 主要產季:主要為 5 ～ 8 月、12 月;主要產地為:台灣南方、濱海東岸。

2. 如何挑選:以顏色金黃、新鮮者為佳。

3. 如何保存:建議裝在夾鏈塑膠袋中,置於陰涼常溫中保存;應避免陽光照射及受潮發霉,盡速食用為佳。

4. 如何料理:用於炊飯、煮粥、製飴及釀酒等,風味特殊。

About Chef
客座廚師大公開

蔬果料理會場地：台東國本農場

吳金朗──利嘉部落

《你是我的菜：利卡夢生活植物》作者之一，利嘉林道部落的卑南族人，被稱為「利嘉神農氏」。他曾經用山上許多野菜救回得了癌症的母親，而這些傳統知識都是從一手帶大他的阿公留下來的。他在利嘉林道的解說十分迷人，彷彿每個植物都有魔法，他的野菜料理也收服許多不苟言笑的都會人，吃完都是笑得開懷的離開部落。

張麗珠 Cina Lahu──桃源部落

外出總是用心打扮，在小米田裡也是走時尚路線的 Cina Lahu，看似走在流行前端，其實他從頭到腳的流著布農族與自然友好的血液。喜歡在家料理的 Cina Lahu，經常以自家無毒農法種植的鳳梨手作好物分享給親朋好友，近年她因著臺東山村綠色經濟計劃而開始追憶小米的古法料理，有事沒事會在家裡做小米酒，做出好口碑，只要喝過都會情不自禁地想在後院種小米。

小米梅花炸串

創作者 美虹廚房——朱美虹

小米有香脆的特質，想嘗試作為酥炸的外表，加上早上在市場看到醃豬肉的西勞，覺得如果能夠結合在一起做個炸物，會蠻有趣的。

〈材料〉4 人份

小米 (磨粉)200g，小米 200g，梅花豬肉片 400g，阿美族醃豬肉（西勞）200g，雞蛋 2 個，炸油一鍋。

〈作法〉

1. 先將西勞切成條狀，再把它分別包進梅花肉片捲起來，最後用竹籤分別一個一個串起來備用。
2. 把蛋打成均勻的蛋液。
3. 將作法 1 先裹上小米粉，再沾蛋液，最後外層再沾上全小米。
4. 起油鍋待油溫約 180 度時，將作法 3 放入先炸第一次（約 6 到 7 分熟），外層稍微變色即先起鍋，放在濾油網上滴油，最後在上桌之前再炸一次即完成。

TIPS

1. 小米要打成粉後，沾雞蛋才好沾。

2. 搭配帶苦味的野菜很合適。

3. 要確認炸透，外面保持金黃色。

主廚好友真心話

如果用小米漿做一點醬汁去沾，應該會不錯。

法蘭

直接炸會比較硬，如果可以煮半熟，炒一下再沾，或是加高粱蒸熟，會更香。

吳金朗

還蠻喜歡的，有小米的口感和香氣，是另一種感受。

張麗珠

西勞野菜小米
燉飯一口食

創作者　找找私廚——史法蘭

小米的口感很細膩，如果用燉飯的方式來做，應該會很入味。上面希望能加一點野性的部落元素，去給予這道料理驚喜的口感，所以選擇了現拔的野菜，加上西勞，是帶點部落風情的 Tapas。

〈材料〉5～6人份
小米 1 杯，雞高湯 2 杯，洋蔥 1/8 個，西勞 1 小匙，現拔的野菜（番茄葉，藜葉，大花咸豐草，山 A 菜，薊菜）各一把。

〈作法〉
1. 把洋蔥炒香，加上小米炒均勻，一面加入雞高湯煮到小米熟。
2. 把作法 1 整型成圓形，烤箱 180 度烤 15 分鐘。
3. 現拔野菜洗乾淨，另起一個鍋，倒入西勞炒香，再加入野菜，炒熟起鍋。
4. 將西勞炒野菜放小米燉飯上，即可食用。

TIPS

1. 利用很多可以吃的野菜如番茄葉，藜葉，大花咸豐草，山A菜，薊菜等。

2. 西勞原住民是吃生的，如果不能接受，當油來炒香也很合適。

3. 小米做燉飯的方式和一般的米一樣。

4. 小米做成燉飯後會黏黏的，要做成一口食，就是必須整理成小塊狀，香煎或是烤乾一點，才會有一定的脆感和形狀。

主廚好友真心話

這個小米燉飯淋上白砂糖感覺會很提味。

吳金朗

樹豆炒熟，磨成粉和小米一起做燉飯，應該會更香。

張麗珠

小米的存在感很棒，野菜也很搭，如果能更乾一點做成煎餅會很有趣。

美虹

山珍海味小米飯

創作者——利嘉部落——吳金朗

這是非常具有卑南特色的料理,除了利用在地的小米糯米(山珍),內餡還有卑南族特有的南瓜籽粉,以及魚的西勞(海味)。

〈材料〉2 人份
小米 1 杯,糯米 1 杯,西勞 2 大匙,南瓜,大片海苔 4 片。

〈作法〉
1. 南瓜取籽洗淨後炒乾,之後連殼磨成粉。
2. 小米 1 杯泡水 30 分鐘後以細密篩網瀝乾。
3. 糯米 1 杯浸泡一夜。
4. 小米、糯米以電鍋烹煮,煮熟後輕輕翻鬆再燜 5 分鐘。
5. 將小米糯米飯攤在海苔上,放進西勞和南瓜籽粉後即可食用。

TIPS

1. 西勞的種類有很多，有魚、豬肉、豬油等。

2. 不只有小米，加一點糯米煮會更有層次。

3. 南瓜籽粉要慢慢地用小火炒，水分才能散發出來，炒好之後帶殼磨成粉，再加上一點鹽就是卑南的調味料了。

主廚好友真心話

法蘭

南瓜籽太神奇了，讓西勞很提味，是不是也可以在飯捲裡面加上蔬菜呢？

張麗珠

我會加點辣味或是山胡椒（馬告）。

美虹

裡面除了肉類之外，也可以加水果如鳳梨。

小米酒鳳梨燉飯

創作者 桃源部落——張麗珠 Cina Lahu

小米是早期原住民的主食,與所有的祭典都息息相關,這道料理的小米呈現有兩種方式,用小米酒燉煮小米,但加上自己做的鳳梨果醬變成甜點,還可以添加小米酒,回味再三。這個草環是海金沙這個植物編的,因為相傳以前大洪水,小米都被淹沒,水退之後卻發現海金沙上面有小米掛著,讓部落留有種子,所以布農族對海金沙有感恩之心。

〈材料〉2 人份
小米酒糟,雞蛋 2 顆,鳳梨果醬少許,小米酒少許。

〈作法〉

1. 小米酒糟加入均勻蛋液及鳳梨果醬後以小火慢熬。

2. 香氣四溢便可起鍋食用。

3. 小米酒可依濃郁喜好加減食用。

TIPS

1. 要使用鳳梨果醬，而不是只有鳳梨，才會香甜。

2. 這個燉飯煮出來比較濕潤。

主廚好友真心話

這個搭配感覺去研發成磅蛋糕應該會很有意思。

法蘭

這樣的發酵物，可以來滷紅燒肉，會有很不一樣的風味。

美虹

茄 子

涼拌燉煮皆適宜

茄子，屬茄科，一年生蔬菜。入中國，南北朝栽培的茄子為圓清朝末年，長茄被引入日本。現夏季主要蔬菜之一。

原產於印度，西元 4～5 世紀傳形，元代則培養出長形茄子，到在主要在北半球種植較多，是

茄子食用的部位是它的嫩果，淡綠色或白色品種，形狀上有各種。根據品種的不同，食用

顏色多為紫色或紫黑色，也有長條形、圓形、橢圓、梨形等方法也不一樣。

茄子含有蛋白質、脂肪、碳水化多種營養成分。特別是生物類黃命吸收和抗老化。還含磷、鈣、鉀水蘇城、龍葵城等多種生物鹼。

合物、維他命以及鈣、磷、鐵等酮的含量很高，有助於協助維他等微量元素和膽鹼、胡蘆巴城、

食材補給站

1. 主要產季：5～11 月，主要產地為高雄、屏東、彰化、南投。

2. 如何挑選：果形均勻周正，無裂口、腐爛、斑點。皮薄、籽少、肉厚、細嫩的為佳品。

3. 如何保存：冷藏過的茄子，容易導致籽變黑或是容易碰傷。所以不要放冰箱，常溫保存在陰涼通風處。

4. 如何料理：切開的茄子可用清水浸泡，烹製前再撈出來，這樣可以防止茄子變黑。

About Chef
客座廚師大公開

料理會舉行場地：宜蘭穀倉咖啡

李溪薇——穀倉咖啡

從年輕時候就在法國唸書、生活了二十幾年，直到回台灣之後，發現在法國生活、工作的經驗跟台灣很不一樣。很想將在法國時期體驗的生活態度與生活美感延續到現在的生活中。想要介紹分享生活中的點點滴滴，於是就生出了穀倉咖啡，穀倉咖啡一週只開 3 天，希望有更多的時間可以留給自己，讓自己在生活中開心、發呆、玩、找朋友，讓自己充滿能量，可以在開店的時候更快樂的分享生活。

李佩芳——fang 手工烘焙坊

2014 年開始成立 fang 手工烘焙坊，以可麗露為主要烘焙項目。平時也喜歡參加各種甜點課程或料理分享會，吸收新的知識，與同好者交流與請益。藉此精進自己的專業，激發更多的創意。大家湊在一起做料理，是一件療癒又充滿歡樂的事情。

雙茄酪梨火腿捲

創作者 —— 找找私廚 —— 史法蘭

很多人不喜歡茄子的口感，但我覺得茄子醬是很有特色而且美味的，如果能用茄子醬做潤滑，用其餘的蔬菜口感去中和茄子比較軟爛的口感，會讓人比較能接受。

〈**材料**〉2～3 人份
茄子兩條，酪梨半顆，鹹火腿 4 片·玉米 1 支，薄荷葉 4 片，紅黃椒各 2 條，洋蔥 1/2 個，檸檬汁 1 大匙，牛奶 1 大匙，堅果 1 小把，橄欖油 2 大匙，鹽、胡椒少許。

〈作法〉

1. 製作茄子醬：一條茄子切片，洋蔥切絲，煮熟的半個玉米切丁，用橄欖油炒軟，加上堅果和牛奶用料理機打成醬汁，再用鹽、胡椒和檸檬汁調味，切一點紅黃椒丁拌入。
2. 另一條茄子切片，煎熟。
3. 酪梨切片，先擠一點檸檬汁以免氧化。
4. 接著，將剩下的半個玉米成片切下來，再炙燒上色。
5. 將茄子醬塗在茄子上，再鋪上酪梨，用鹹火腿包起來，塗一點點茄子醬後把玉米黏上去，插上薄荷葉，即完成。

TIPS

1. 做醬汁前要先把所有的材料切好準備，才不會漏掉，檸檬汁可以防止茄子醬氧化變成黑色。

2. 洋蔥先炒香，再加入茄子和玉米。

3. 紅黃椒丁的加入可以增添色彩和口感。

主廚好友真心話

美虹

茄子和火腿還蠻合的，也可以搭配其他水果，例如用鳳梨來取代酪梨。

溪薇

吃起來層次很多，還可以嘗試其他脆脆的蔬菜放在捲裡。

佩芳

本以為火腿會太鹹，沒想到茄子醬很濃郁，不會被蓋過。

焗烤茄子

Gratin d'aubergine

創作者　穀倉咖啡——李溪薇

住在法國的時候，茄子是很熟悉的家常蔬菜，而這種焗烤類的料理是無法一開始分菜的，必須傳遞著分食，這種感情的溫暖交流是我喜歡的。

〈材料〉5-6 人份
新鮮紫色茄子 2 條，洋蔥 1 顆，大蒜 5 瓣，去皮烤番茄 10 個，羅勒 10 片，Mozzarella 起司 2 大匙，橄欖油 2 大匙，奶油 1 大匙，普羅旺斯香料 1 大匙，鹽和胡椒適量。

〈作法〉
1. 將茄子切圓形片狀平均疊放在烤盤，淋上適量橄欖油、鹽放入烤箱 180 度 10 ～ 15 分鐘。
2. 將洋蔥、大蒜切細，蕃茄切片。
3. 將奶油放入平底鍋中把洋蔥、蒜炒香，再放入蕃茄片翻炒，將烤好的茄片加入翻炒入味慢慢加入準備的普羅旺斯香料。
4. 將全部材料放入烤盤中，上層鋪平 Mozzarella 起司入烤箱 180 度 25 分鐘左右，表層上色即可。食用前將羅勒適量撒上提味。

TIPS

1. 茄子需要切成圓片。
2. 蒜要炒到香味盡出再加其他的料。
3. 全部的材料需要一起拌炒過味道才均衡。
4. 起司可以鋪多一點顏色才漂亮。

主廚好友真心話

佩芳

加不同的起司也許會有更多層次的味道。

美虹

這道菜很百搭，冷著吃很 ok，放在麵包上焗烤也可以。

法蘭

可以加更多的夏季蔬菜一起焗烤，加酸奶油和蛋一起焗烤也可以。

咖哩茄子豬肉煎餃

創作者 美虹廚房——朱美虹

一般茄子會炒絞肉，我覺得包在餃子裡會隱身得很好，並加點咖哩粉去提味，以一個不同的姿態去呈現。

〈材料〉4 人份

咖哩粉 1 大匙，圓茄 2 個，豬絞肉 300 克，水餃皮半斤，鹽、酒、薑汁、蒜末適量，橄欖油 1 大匙。

〈作法〉

1. 先將圓茄切片加橄欖油 180 度烤 20 分鐘，切成小塊備用。
2. 豬絞肉先加咖哩粉拌勻，再拌入作法 1，陸續再加入鹽、酒、薑汁、蒜末調味變成內餡。
3. 包入水餃皮中，放入加油的煎鍋中，煎至水餃底部呈微微金黃時，放入水至水餃的 1/3 處蓋上蓋子，中小火煎到水乾打開蓋子，最後再見到完全沒有水氣即可起鍋。

TIPS

1. 茄子要先烤熟。

2. 絞肉需要先用咖哩粉醃過。

3. 可以包成全密封的水餃形狀,也可以包成開口的煎餃形狀。

4. 加水才能讓內外都可以熟透。

主廚好友真心話

佩芳

可以留一部分茄子是炒的,不要炒太熟,能保留一點口感不會太黏。

溪薇

洋蔥可以多一點,會更有層次。

法蘭

感覺也可以加九層塔去提味,或是加入蛤蠣肉之類,提升鮮度。

柚子蜂蜜
酥脆茄子餅

創作者　fang 手工烘焙坊
　——李佩芳

茄子是味道比較平淡的食材,口感也軟,很想做成脆脆的感覺比較討喜,小朋友吃了也比較不會抗拒。

〈材料〉2 人份
長條型茄子1條,低筋麵粉少許,全蛋1顆,麵包粉少許,橄欖油少許,柚子蜂蜜少許。

〈作法〉
1. 茄子洗淨並將水份擦乾,切段(約 5 ~ 6 公分)後再剖半切。
2. 茄子撒上一層薄薄的低筋麵粉,並將餘粉拍掉。
3. 全蛋打散,茄子沾取蛋液。
4. 茄子的白色部份面朝下,僅需要單面裹上麵包粉。
5. 利用較小的平底鍋,小火熱鍋後倒入橄欖油,將裹上麵包粉的那一面放入鍋中。
6. 待煎成金黃色後,翻面續煎約 30 秒即可起鍋。
7. 搭配柚子蜂蜜,一道酥脆輕爽的茄子料理完成了。

TIPS

1. 粉薄薄的就好。

2. 蛋液要裹雙面,麵包粉單面就可以。

3. 麵包粉的那面往下香煎。油量可以稍微多一些,呈現半煎炸的狀態,油量過少容易導致麵包粉沒有煎成酥脆的口感。

4. 煎完之後要用衛生紙去油。

主廚好友真心話

可以在茄子中間夾水果或是果醬去煎。

美虹

也可以用圓茄子切成圓片,中間沾麵糊去煎炸。

法蘭

如果把焦糖片放在上面,也許會很像糖葫蘆喔!

溪薇

檸檬
黃色綠色一樣美味

一般民眾刻板印象中，對進口的黃色檸檬稱「萊姆」，國產的綠色檸檬稱「檸檬」，但其實不論檸檬或萊姆，依果實成熟度不同，都有綠皮和黃皮，切開來看，果皮厚而且有籽的就是檸檬，皮薄無子的即為萊姆。

檸檬在臺灣又稱「有籽檸檬」或「四季檸檬」，品種名為「優利卡」('Eureka')，是世界上主要檸檬栽培品種之一，其果形略呈橢圓形，果皮粗且厚，果肉淺黃色，有籽。無籽檸檬品種名是「大溪地」('Tahiti')，果形較圓，果皮光滑且薄，果皮上油胞較細、小，果肉淺黃綠色。黃金檸檬品種名為「梅爾」('Meyer')，為檸檬和柑橙類的雜交種，果皮光滑，油胞大且明顯下凹，較不具檸檬香味，但有一股淡淡橙香味。香水檸檬又稱「香檬」，成熟時果皮呈黃色，果形呈明顯長橢圓形，果皮是4者之中最厚的。

食材補給站 ••••••••••••••••••••••••••••••••••••

1. 主要產季：6 ～ 7 月，主要產地為屏東縣。

2. 如何挑選：

· 看光澤：外形光滑、表皮油亮的檸檬較新鮮、多汁。

· 看顏色：以台灣最常見的青皮檸檬「優利卡」為例，深綠色的檸檬較生，建議選擇綠中帶黃的熟成檸檬；蒂頭為綠色才是新鮮的檸檬，若蒂頭枯黃、脫落，就是採收後存放過久。果皮偏黃的綠檸檬酸度較低，但是香味會比較不足。

· 測彈性：新鮮的檸檬富有彈性；若摸起來乾扁無彈性，代表已經不新鮮了。

3. 如何保存：

· 一般保存：室內通風處靜置約 2 天，讓表皮殘留的農藥揮發掉；之後再裝進紙袋或用報紙包裹住，放入冰箱冷藏。檸檬不會後熟，建議盡早食用。

· 榨汁保存：一次把檸檬都榨成汁，裝進製冰盒內冷凍做成「檸檬冰塊」。

About Chef
客座廚師大公開

料理會舉辦場地：宜蘭慢島生活

美美子——美美子甜點店

不是廚藝科班出身，只是因為喜歡吃甜點、所以開始做甜點。覺得吃進肚子裡的食物很重要，害怕在外面吃太多來路不明原物料製成的甜點，於是開始走起一條自學甜點之路，做自己喜歡的甜點。

兩年前在住家的車庫開始賣起自己做的甜點，希望散播希望分享愛給更多喜歡吃甜點的人。

FB：美美子みみこ homemade cake

呂映霆——美美子甜點店

很喜歡做料理，以前的烹飪習慣是會把任何調味料丟進一道菜裡，三年前第一次踏進採用宜蘭當地小農自種的蔬食店後，漸漸開啟對小農食材的涉略，只要一有空，就會去農夫市集挑選有機食材，希望大家吃到的食材品質安全又健康，這樣讓身體不那麼有負擔之外還可以吃到食物本身的原味呢。

鹽漬黃檸檬雞胸肉哈姆

創作者——美虹廚房——朱美虹

之前有做鹽漬檸檬，大概需要 3 ～ 5 天的時間，很解膩，也能分解蛋白質，軟化雞胸肉很合適。

〈材料〉2 人份
去皮雞胸肉 2 片（醃料：砂糖 2 大匙，鹽漬黃檸檬 2 大匙，迷迭香適量），哈姆卷香料（黑胡椒粒 1 小匙，檸檬百里香或喜歡的香料）。

〈作法〉
1. 把醃料抹在雞胸肉上，再加入迷迭香之後放進冷藏 1 ～ 2 日。
2. 把雞肉上的醃料都撥掉。
3. 先把保鮮膜鋪平，並在保鮮膜上擺上哈姆卷香料或喜歡的香料與黑胡椒粒，再把作法 2 放上去。
4. 把雞肉捲起來頭尾捲緊，並用棉繩將整條捲好綁緊。
5. 先將水煮沸後再把雞肉捲放入，等水再次滾後關火，靜置 3 ～ 4 個小時，放進冰箱半天之後就可食用。

TIPS

1. 將雞胸肉醃上醃料後放入冷藏 1 ～ 2 日。

2. 將香料先灑在保鮮膜上，再放上雞胸肉捲起來。

3. 肉捲需要捲得很緊

4. 用棉線綁住定型。

主廚好友真心話

很入味，如果做點酸辣口感也不錯。

美美子

要和檸檬片一起吃，感覺很溫潤，也可以做檸檬雞肉涼麵，會很清爽。

法蘭

這絕對是一個很好的減肥料理，熱量低蛋白質也足夠。

映霆

桂花檸檬
蜜地瓜

創作者　美美子甜點店
——呂映霆

地瓜是一個很適合減肥的食材，吃了會有飽足感又可以瘦身，但是吃多了會有點膩，所以想要變得更有層次，才會想一直吃。檸檬的酸會中和甜度，引發不同的感受，重點是需要再加一點清香，所以選擇了桂花。

〈材料〉2 人份
地瓜 150g，二砂糖 75g，熱水 200cc，黃檸檬汁 35g，黃檸檬片適量， 乾燥或新鮮桂花適量。

〈作法〉
1. 使用菜瓜布把地瓜皮表面刷洗乾淨，再用擦手紙把地瓜擦乾或晾乾。
2. 地瓜切成片狀，厚度約 1 公分，放進 300cc 的水，中火煮大約 10 分鐘，可以

使用竹筷子測試地瓜是否有熟透，熟透就可以關火。
3. 裝一盆冷水，把煮好的地瓜放入冷卻，可以使地瓜口感更脆。
4. 鍋盆內放入熱水與二砂，待糖融化後，把冷卻完的地瓜放入鍋內，加入黃檸檬汁與適量的黃檸檬片，轉中火煮 10 分鐘。鍋內放入適量桂花，轉中火煮 5 分鐘。
5. 最後將地瓜夾入盤子上，擺上煮過的黃檸檬片與桂花作為裝飾。

TIPS

1. 用菜瓜布清洗地瓜。

2. 地瓜要煮到能穿過的程度就可以了。

3. 第 2 次煮的時候，檸檬糖水要加入桂花，才會有足夠的香氣。

主廚好友真心話

美虹

桂花很香，如果加點梅子好像也會很合適。

這道菜熱的時候吃，檸檬味道比較強，冷的時候吃，桂花的香氣比較強，但都很好吃。地瓜塔中間如果夾蛋白霜，會很有質感。

法蘭

感覺把桂花換成紫蘇也很好，或是可以試試看把地瓜壓成泥或水果地瓜塔，再把桂花檸檬糖水濃縮成糖漿淋上去。

089

檸檬三寶酸豆蛋沙拉醬佐番茄海鮮

創作者　找找私廚——史法蘭

想到檸檬就會覺得它很百變，也是我最常使用的食材之一，剛好家裡有 2 年前做的鹹檸檬，（平常拿來做鹹檸七保養喉嚨用的）加上新鮮檸檬，與海鮮搭配，可以去腥也可以殺菌。

〈材料〉2 人份

鹹檸檬

檸檬 5 顆，飽和食鹽水（作法有比例）

醬汁

水煮蛋 2 顆，芥末醬 1 小匙，植物油 20cc，酸豆 1 小匙，醃黃瓜 2 小條，紅蔥頭 1 個，白醋 1 小匙，檸檬汁 1 小匙，鹹檸檬果肉 1/4 顆，切碎珠蔥 1 小把，切碎刺蔥 2 片，切碎巴西里 1 小株，切碎百里香 1 小把，鹽和胡椒適量。

主食材

番茄 4 顆，蝦子 2 隻，花枝半條，紫色洋蔥 1 小段。

〈作法〉

鹹檸檬

1. 檸檬洗淨，整顆塞進燙過弄乾的玻璃瓶。
2. 檸檬放入容器內後，目測大概多少水可以盛滿裝了檸檬的容器，然後把水煮開後關火，慢慢加入食鹽，不停攪拌，直到水下面開始有些鹽粒不再繼續溶化，就是飽和食鹽水，加入到容器裡，蓋住檸檬。
3. 最後放耐熱袋在瓶口，蓋緊蓋子即可。
4. 鹹檸檬至少半年到一年使用，也可以一直放下去，取出後檸檬果肉會呈現果凍狀。

醬汁

1. 水煮蛋去殼，分開蛋黃和蛋白，用叉子將蛋黃搗碎，和芥末醬攪拌均勻，接著緩慢的加入油攪拌。

2. 蛋白切丁，酸豆、醃黃瓜瀝乾切碎，紅蔥頭去皮切碎，鹹檸檬切碎。
3. 將上述材料，白醋、檸檬汁和切碎的香草加入攪拌均勻的醬汁內，最後再以鹽和胡椒調味。

主食材

1. 番茄切半，洋蔥切絲泡冰水。
2. 蝦子去蝦殼，花枝切圈，用水汆燙一下。
3. 將番茄和海鮮裝盤，海鮮搭配醬汁一起吃即可。

TIPS

1. 身邊有什麼新鮮香草都可以利用。

2. 醬汁的材料要切細碎一點，才會有醬汁的感覺。

主廚好友真心話

刺蔥很香，也許可以再加一點脆脆的口感如堅果在醬汁裡。

美美子

如果加點辣味會更去膩。

映霆

也可以試試加點脆梅在醬汁裡。

美虹

草莓檸檬酪派

創作者　美美子甜點店——美美子

想到檸檬就想到酸，但是自己很怕酸，所以做的檸檬甜點都會加比較甜的搭配，例如煉乳。中和之後有一點酸度又有一點濃郁，和其他的檸檬派不太一樣。

〈材料〉8 吋 1 個

檸檬酪

鮮奶油 150 公克，檸檬汁 150 公克，煉乳 380 公克，砂糖 15 公克，檸檬皮 1 顆量，蛋黃 2 顆。

派

現成 8 吋派皮，草莓 25～30 顆，鮮奶油 200cc，細砂糖 1 大匙，檸檬皮適量，薄荷葉幾片。

〈作法〉

檸檬酪

1. 鮮奶油與檸檬汁充分混合攪拌均勻後,靜置約 30 分鐘使其發酵凝固備用。
2. 將砂糖與檸檬皮混合後,用手指搓揉使檸檬皮味道充分釋放與砂糖結合。
3. 蛋黃加入作法 2 攪拌均勻。
4. 煉乳倒入作法 3 攪拌均勻。
5. 最後將作法 1 加入作法 4 後,攪拌均勻即完成檸檬酪。

草莓派

1. 現成派皮烤箱 180 度烤 10 ～ 15 分鐘,呈現金黃色即可取出放涼脫模。
2. 將檸檬酪倒入。
3. 鮮奶油加糖打發塗在表層。
4. 放上草莓、檸檬皮和薄荷葉即可。

TIPS

1. 取檸檬汁之前要先壓一下才好出汁。

2. 檸檬皮一定要搓。

3. 搓揉出油脂後才會有香氣。

4. 鮮奶油打到出勾。

主廚好友真心話

檸檬酪有點酸又不會太酸,單獨沾水果也很合適,也許加點酒如香橙會更有韻味,也可以夾在泡芙裡面凍起來,會有QQ的口感。

法蘭

可以做抹醬,也可以做布丁上面那層。

美虹

蓮藕
部位不同口感相異的奇妙蔬果

蓮藕為蓮的根部，蓮為睡蓮科蓮屬的挺水性水生植物，可種植於黏質土壤與富含有機質的壤土，光照充足且溫度約攝氏 20～30 度適合蓮藕生長。

適合採收蓮藕的蓮，花開率低且少結果，因此採收的蓮藕較肥大，蓮藕直形明顯成節，中央為中空孔狀。

蓮藕富含膳食纖維及黏蛋白，並含銅、鐵、鉀、鋅、鎂和錳等微量元素，蛋白質、維生素及澱粉含量也很豐富，有止血、化瘀化痰、補血、潤腸通便、促進腸蠕動、預防便秘及痔瘡等，同時有助於減少煩躁、緩解頭痛和減輕壓力。

整支蓮藕大致可分為 3 部分，要知道不同部位的不同吃法，才能煮出好味道：蓮藕尾端最是脆嫩，適合涼拌生食；蓮藕中段則適合熱炒；頂端口感通常較老可以煮湯紅燒。

食材補給站 ●●●

1. 主要產季：7～8月，主要產地於台南、桃園、嘉義縣等處均有種植。

2. 如何挑選：表皮無損傷，切口要新鮮，藕節短且粗，愈重愈好，表面光滑呈淡紅色。內側的孔要大，且孔中不可有汙漬。

3. 如何保存：保存時可以用報紙包好，放入冰箱冷藏保存。切過的蓮藕非常容易變黑，須用保鮮膜包裹後再放入冰箱冷藏，或是切成薄片用醋醃製為涼拌菜，約可保存 1 個星期左右。

About Chef
客座廚師大公開

料理會舉辦場地：宜蘭慢島生活

陳淑倩（Judy）

原本是美語教師，嫁入的夫家是經營超過一甲子的老字號中藥行。由於本身對美食烹飪有濃厚的興趣，不僅常參加各種料理課程學習，也幾乎天天料理三餐、照顧家人健康，曾與煮婦團合著《免換鍋！一鍋到底世界飯》。現學習中藥材知識，經營中藥行，更將所學廚藝結合傳統中藥材，研究對身體健康有益的藥膳飲食，期望醫食同源，養生之道從日常生活做起，著有《天天喝好湯》。

李秋慧

從小就愛動手做，讀書時唸的是美術設計，後來發現自己的專長在於「吃」—尋吃、品吃、懂吃、還有做吃的。當了媽媽以後滿心只想為親愛的家人做料理，家裡的餐廳有張「快樂餐桌」，是凝聚家人情感最重要的地方，除了做菜能讓家人吃的滿足，一邊思考著如何擺盤才能讓享用的人感覺更美味，更是一種樂趣。曾與 onelife 煮婦團合著《免換鍋！一鍋到底世界飯》一書；「龜甲萬日式年菜」食譜設計；「型農本色」雜誌在地食材食譜設計；「家樂福食材」食譜影片拍攝。

蓮藕蕨餅

創作者　美虹廚房──朱美虹

蓮藕有黏性，它的口感和香氣，讓我想到日本的蕨餅，感覺拿來當甜點會很適合。

〈材料〉2 人份
蓮藕 200g，地瓜粉 100g，白糖 50g，黑糖蜜 100cc，黃豆粉適量，水 300cc。

〈作法〉
1. 先將 100g 的蓮藕磨成泥狀，100g 的蓮藕切成小丁燙熟備用。
2. 將地瓜粉、水、糖以及作法 1 所有材料一起拌勻。
3. 將作法 2 放進鐵鍋中用中火加熱並一面攪拌，待稍微開始變透明時，即轉成小火並快速攪拌，等到全部都熟透變成透明時即可關火。
4. 將作法 3 冰鎮後瀝乾水分，放在盤中倒入黑糖蜜及黃豆粉即可享用。

TIPS

  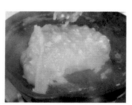 

1. 為了要有口感，一部分磨成泥，一部分則切丁。
2. 地瓜粉很重要，會增添 Q 勁。
3. 在鍋裡要用勺子不斷的攪拌。
4. 冰鎮會讓口感更好。

主廚好友真心話

可以嘗試加糯米粉或是米粉，口感會更Q一點。

淑倩

也可以加蒟蒻粉試看看。

法蘭

可以將蓮藕先蜜過，會更有甜味。

秋慧

藥燉蓮藕消暑湯

創作者　陳淑倩

蓮藕是夏末初秋盛產的食材,本草綱目裡稱它為「靈根」,具有生津、活血化瘀、安神、健脾開胃、消暑解熱的好處。章魚可補氣養血、含大量膠原蛋白對美容養顏很有幫助。綠豆清熱解毒、薏仁祛濕美白抗發炎。此湯很適合在夏末到冬天飲用,補氣養血、滋陰潤膚又消暑氣!

〈材料〉4 人份
蓮藕 2 節約 500 ～ 600 克,瘦肉 500 克,章魚乾 1 ～ 2 隻,綠豆 50 克,薏仁 30 克,乾茶樹菇 1 小把,烏棗 5 ～ 6 顆,蜜棗 2 ～ 3 顆,薑片 2 片。

〈作法〉

1. 蓮藕洗淨用刀背輕輕刮除蓮藕皮，章魚乾汆燙後和綠豆、薏仁分別泡水 2 小時，豬瘦肉汆燙好沖冷水備用。

2. 蓮藕切開將綠豆和薏仁填塞入孔洞中並用筷子塞滿，再用竹籤固定好（若嫌麻煩也可省略、蓮藕切塊即可）。

3. 將剩下的所有食材放入砂鍋或陶鍋，注入冷水至淹過食材約 10 公分高，大火煮滾後轉中火 10 分鐘再用文火慢煲約 2 小時熄火加少許鹽即可享用。

TIPS

1. 章魚乾泡發的樣子，尺寸不會差距很大。

2. 綠豆和薏仁泡水至少 2 小時，隔夜也可以。

3. 因為容易氧化，盡量用陶鍋煲湯，不要用鐵鍋，冷水就放料，湯水會更清澈，營養和味道慢慢釋出。

主廚好友真心話

也可以燉豬肋排，加一點白果或是百合。

法蘭

我會想加一點腰果。

美虹

章魚可以更多，會更鮮一點。

秋慧

青花雞翅藕泥湯

創作者　李秋慧

夏天想喝一點清爽的湯，蓮藕磨成泥之後比較不厚重，喝起來很舒服。

〈材料〉4 人份
雞翅 4 隻，蓮藕 1 節，綠花椰菜半朵，紅蘿蔔一小段，嫩薑 2 片，雞高湯或清水 1000cc，清酒 1 大匙，白胡椒粉適量，油少許，鹽適量，香蔥少許。

〈作法〉
1. 蓮藕一半去皮切薄片 6 片，泡水去除澱粉備用，其餘的蓮藕磨成泥備用；花椰菜切小朵備用；紅蘿蔔切 0.5cm 厚 6 片，雕成小花備用。
2. 雞翅洗淨擦乾水分，鍋內放入少許油熱鍋，將雞翅兩面煎成金黃色，再加上雞高湯或水、清酒、薑片，水滾後蓋上鍋蓋轉小火燉煮 15 ～ 20 分鐘。
3. 加入蓮藕片、花椰菜、紅蘿蔔花、蓮藕泥、鹽、白胡椒粉，續煮 2 分鐘即完成，食用前灑上細香蔥即可。

TIPS

1. 雞翅要先煎過之後再煮湯。

2. 藕片要先泡水,才能去澱粉。

3. 泥要磨細一點。

4. 湯滾了之後加入,攪拌均勻。

主廚好友真心話

法蘭

想加一把麵進去,這碗營養有豐富,我可能會再做蓮藕雞肉丸子搭配。

淑倩

感覺湯裡加一點馬告或是刺蔥提味會很合適。

美虹

如果要主食,也可以做烤飯糰,把湯做更濃一點淋上去吃。

彩色蓮藕

創作者　找找私廚——史法蘭

想要保留蓮藕清脆的口感，又希望有點變化，所以用不同的蔬果去染色，做成涼菜。

〈材料〉4 人份

主食材：蓮藕尾端 1 節，百香果 3 顆，薑黃粉 1 小匙，火龍果 1/4 顆，艾草 1 把。

醋漬液：蘋果醋或是水果醋 100cc，砂糖 2 大匙，鹽 1/4 小匙，蔬菜高湯或是水 100cc。

〈作法〉

1. 醋漬液的材料倒入小鍋煮到沸騰，再倒出來放涼，分成 3 份。

2. 百香果取汁，和薑黃粉混合均勻 (黃)，火龍果絞碎 (紅)，艾草汆燙 2 分鐘打成汁 (綠)，分別和醋漬液混合均勻後變成 3 種顏色。

3. 蓮藕削皮後，切成薄片，汆燙半分鐘後取出，放進 3 種醋漬液中，一天之後入味。

TIPS

1. 蓮藕汆燙時間不要太長，為了保持
口感，20 ～ 30 秒即可。

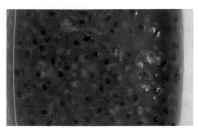

2. 百香果和薑黃粉要先攪勻，顏色才
會均勻，薑黃粉不要太多會苦，達
到上色效果即可。

3. 艾草如果有新鮮的可以用新鮮的，
沒有用艾草粉也可以。

主廚好友真心話

美虹

希望在百香果和
火龍果的上面可
以吃到果粒，艾
草的也許可以加
上薄荷。

淑倩

如果有果粒的話
可以增添口感，
艾草的味道可以
更重一點。

秋慧

甚至可以把水果
切小丁放在旁
邊，一起吃。

絲瓜

清熱祛暑的夏日蔬果

絲瓜為葫蘆科一年生蔓性草本植物，原產印度和亞洲熱帶。2000 年前傳入中國，300 年前台灣亦已栽植，性喜熱溫，不耐寒。

台灣絲瓜種類繁多，有短筒絲瓜、長條絲瓜、稜角絲瓜、蘋果絲瓜等，也有從澎湖移種本島後變很長又大的十角瓜和掛飾兼蔬果的蛇瓜菜。

絲瓜是夏日祛暑清心，養身保健美容護膚的菜蔬。民間流傳吃絲瓜性味甘涼、翠綠鮮嫩、清香翠甜，在功用上則清熱化痰、涼血解毒、生津止渴、清腫鮮毒、祛暑清心、美白護膚，還有防癌及衰老等效果。

絲瓜藤流中的汁液（絲瓜水）可美白護膚，瓜絡（菜瓜布）可沐浴、洗碗及藥用，花可炸食（裹麵粉），根能活血通絡。

食材補給站 ··

1. 主要產季：7～9月，主要產地：嘉義、台南、高雄、屏東。

2. 如何挑選：

   · 花蒂呈黃綠色，還沒變乾燥且顏色還沒變深褐色的較新鮮。

   · 拿起來愈重愈好，表示含水量愈多，品質較好。

   · 絲瓜表面愈完整愈優，盡可能選擇沒黑點、壓傷、變形的絲瓜。

   · 注意軟硬：可輕壓絲瓜，如果壓起來軟綿綿，切開就會發現已經過熟。

3. 如何保存：用報紙包起來冷藏，2～3天內吃完或是切塊冷凍。

阿國 ── 阿國味農食堂

半路出家的料理人，修行的道場就在「阿國味農食堂」（別誤會，不是什麼蔬食精進料理）。一直想透過食物的習作，找出「什麼是台灣的國家認同」及「屬於我們這一代的台菜」的答案，還在努力中。

貓兒 Cecilia ── 貓兒的玩樂廚房

父親曾經營中部地區首屈一指的江浙菜餐廳，從小浸淫江浙菜料理，爾後前往日本就學、就業，於 1996 年返國，投入資訊業。於 2007 年設立料理部落格，並曾獲得華文部落格生活料理類百大入圍。2014 年離開資訊業前往義大利進修，取得義大利副主廚證照並於托斯卡尼米其林一星餐廳實習後歸國。目前經營貓兒的玩樂廚房，從事料理教學。著有：貓兒的玩樂廚房、貓兒的幸福餐桌；翻譯著作：餐桌上的點點滴滴（上、下兩冊）。

菜瓜濃蚵仔湯

創作者　阿國味農食堂——阿國

盛產的時候，希望能使用的量大一點，所以體積要縮減，像是濃湯就是一個好方法。雖然絲瓜是很平價的食材，大家都不太認真的料理，但只要好好的處理，會有很不一樣的風情和面貌。

〈材料〉2 人份
絲瓜 1 條，鮮蚵 300 克，嫩薑、鹽巴少許，水適量。

〈作法〉
1. 把絲瓜綠皮取下（環狀剝皮）切絲。
2. 瓜內白肉部分加鮮蚵、薑絲、水及鹽巴調味，炒軟之後，用果汁機打碎成濃湯。
3. 綠皮絲部分汆燙熟後泡冰水保持鮮綠色，再加入濃湯裡面一起上桌。
4. 可隨興變化，例如保留部分鮮蚵不打濃湯，直接燙熟後，連同綠皮絲一起擺在濃湯上。

TIPS

1. 絲瓜用不同的方式切。

2. 絲瓜先炒過再與鮮蚵同煮。

3. 用均質機打成濃湯。

主廚好友真心話

法蘭

鮮蚵的甜味很夠,絲瓜的口感也很有層次,但建議可以留1、2顆鮮蚵放在湯裡增加高級感。

貓兒

非常營養,喝完感覺精、氣、神都提升了。

美虹

放海鮮會變豪華,也許也可以加豆腐一起打,顏色會更漂亮一點。

絲瓜蛤蜊麵

創作者　貓兒的玩樂廚房──貓兒

這是一道方便、快速，而且變化很多的菜餚，可以把麵條換成麵線，也可以加魚肉變成魚麵，夏天胃口不佳的時候，吃一道這樣清爽的菜會覺得很舒服。

〈材料〉2 人份

熟綠竹筍半支切片（煮筍水留 200ml），金剛絲瓜一顆（去皮，去籽切成適當大小）。

蛤蜊半斤（事先以少量水煮開，留下湯汁、蛤蜊備用），蔥段、嫩薑絲適量，關廟細麵 2 人份煮好備用，油 1 大匙，鹽少許。

〈作法〉

1. 在鍋中放入 1 大匙油，稍微炒香蔥段和 2/3 的薑絲後加入絲瓜。
2. 將絲瓜翻炒至表面裹上一層薄薄油光後，加入筍片和煮筍水，蓋上鍋煮，煮到絲瓜半軟。
3. 加入蛤蜊湯，煮滾後以鹽調味後熄火。
4. 煮好的麵放在碗中，在上方鋪好絲瓜，筍片和蛤蜊，再倒入絲瓜湯汁，以剩下的嫩薑絲裝飾，趁熱享用。

TIPS

1. 竹筍要從冷水開始煮，水要留下來。

2. 絲瓜籽不要使用。

3. 蛤蜊湯汁也要留下。

4. 食材要用炒的炒出香氣和油亮感。

主廚好友真心話

加一點蛋皮好像也可以做成涼麵。

美虹

鮮味非常好，感覺用豆簽也會很合適。

阿國

用綠竹筍的湯一起煮很清爽也很特別，如果把蛤蜊換成菇類會很適合吃素的人。

法蘭

創作者　找找私廚——法蘭

絲瓜鑲肉佐絲瓜醬

這道菜是中西的結合，我希望能保留絲瓜清脆的口感，用肉類去提鮮，也希望能用絲瓜的鮮甜製作醬汁，讓鑲肉有新的變化。

〈材料〉2 人份

絲瓜 2 條，細豬絞肉 200g，蝦仁 10 個，蛋 1 顆，馬鈴薯半顆，義大利綜合香料少許，鹽和胡椒少許，醬油 1 大匙，牛奶 2 大匙，黑蒜頭 1 顆。

〈作法〉

絲瓜鑲肉

1. 絲瓜一條切 7 公分長的段，再用小刀挖空。
2. 挖出來的絲瓜肉剁碎，和蝦仁、豬絞肉、蛋混和均勻，加上香料、鹽、胡椒和醬油並靜置半小時，再揉搓後摔到有彈性。
3. 將作法 2 填在作法 1 中，預熱好 180 度的烤箱，烤 20 分鐘。

絲瓜醬汁

1. 另一條絲瓜取 3 公分段切丁汆燙 3 分鐘備用，黑蒜頭切丁備用。
2. 其他的絲瓜都切片，馬鈴薯切塊，煮熟後加牛奶打成醬汁，用鹽和胡椒調味。

組合

將醬汁放在碗底，黑蒜頭點綴，中間放置絲瓜鑲肉，最後把絲瓜丁放在最上面。

TIPS

1. 絲瓜削皮要用削皮刀，為了保留綠色不要削太厚。

2. 挖洞注意不要挖破，不然肉汁會流出來。

3. 肉要醃一下。

4. 要有耐性的摔到有黏性才可以。

主廚好友真心話

層次很豐富，但黑蒜頭感覺有點搶味。肉的感覺更多。

阿國

建議黑蒜頭可以放在肉裡會內外呼應。

貓兒

烤絲瓜會引出甜味，但絲瓜的部分可以保留更多一點。

美虹

絲瓜蒟蒻果凍

創作者　美虹廚房——朱美虹

絲瓜是清爽降火氣的食材，如果做成點心會怎麼樣呢？或是做成甜點？
我是這麼去思考著。

〈**材料**〉4 人份

絲瓜 1/2 條，蒟蒻凍粉（含糖、檸檬汁）
200 克，當季水果隨意。

〈**作法**〉

1. 先將絲瓜削皮，並將中間白色的部分去掉，只保留綠色部分切成小塊狀。
2. 用開水稍微將作法 1 汆燙，燙完後立即泡冰水待用。
3. 加水煮蒟蒻凍粉，煮好後要稍微放涼，待溫度稍降才放入作法 2。
4. 完成後放進冰箱 3 個小時即可上桌，裝盤時可放入當季水果一起食用。

TIPS

1. 要使用的是絲瓜邊緣青脆的部分。

2. 川燙一下就好立刻泡冰水保持口感。

3. 果凍需要加檸檬汁。

4. 蒟蒻果凍汁要稍冷再加入絲瓜免得變黃。

主廚好友真心話

很驚豔！也許會考慮把剩下軟的絲瓜肉做成冰淇淋，或是打成泥和馬斯卡彭混和，冰冰的與果凍一起吃。

法蘭

可以試試用絲瓜當作是盒子，把蒟蒻放在絲瓜裡。

阿國

吃不出來是絲瓜，如果加百花蜜感覺會很搭，更多一點檸檬味道也會很好。

貓兒

鳳梨
甜滋滋的台灣之光

鳳梨是原產於南美洲巴遜河流域一帶的熱帶水地區廣泛種植。因多汁解暑之效。為禾本目鳳西、巴拉圭的亞馬果,現在已於熱帶酸甜受到喜愛,有梨科鳳梨屬植物。

台灣於清朝康熙末年由植鳳梨,並經由多年農產金鑽鳳梨、牛奶鳳梨、釋迦鳳特色品種。金鑽鳳梨全年皆9月最為盛產;釋迦鳳梨3~(5月盛產),由於鳳梨溫暖的氣候,因此品質優異,不僅甜度高,中國大陸南方引進種技術的研發後,育成梨等多種高甜度的台灣有,但以2~3月及6~5月,蘋果鳳梨4~9月是熱帶植物,特別喜愛以春夏季節生產的最為風味也特別濃郁。

鳳梨有膳食纖維、維生素C、類胡蘿質等。當中維生素倍。可減緩關節與進消化、新陳代謝、有機酸、維生素B1、蔔素、鉀及多種礦物C的含量是蘋果的5肌肉發炎等疼痛、促改善呼吸道等功能。

食材補給站

1. 主要產季:金鑽鳳梨及6~9月最為盛產;鳳梨4~9月。全年皆有,但以2~3月釋迦鳳梨3~5月,蘋果

2. 如何挑選:選擇底部比較渾右,果皮偏黃可以立即食用,手指輕彈較鬆,稜目小,口感紮實。圓的,果皮偏綠需要再放一週左會像打鼓聲代表比較甜,果皮的稜目大,口感

3. 如何保存:常溫陰涼通風處保存即可,建議將鳳梨靠在角落立式頭尾顛倒存放,讓鳳梨底部的甜分散到頭度,會有意想不到的風味喔。

4. 如何料理:生食、打汁、醃漬,或與肉一起燉煮都可以。

About Chef
客座廚師大公開

料理會舉辦場地：台南小巷裡的拾壹號

詩涵——小巷裡的拾壹號

傻氣的樂觀主義者，進入餐飲業後無可自拔的迷戀自然農耕食材，成立「島食」粉絲頁，與喜歡煮喜歡吃的朋友們分享島上追尋食物的生活，以及各地的自然食材與香料。

定居於台南，經營「小巷裡的拾壹號」咖啡店，持續供應友善當季的美味料理。

胡里歐——胡作室

胡作室不是咖啡店、餐廳、甜點店，卻是可以同時提供這些內涵的私廚料理工作室。由胡里歐一人打點，能創造出融合個人創意與生活經驗，並滿足你需求的料理氣味。

創作者　小巷裡的拾壹號──詩涵

醬香鳳梨燒小排

鳳梨是夏天的作物，酸酸甜甜的，如果做便當菜會很開胃，隔夜也不會變，味道反而會更入味。因為拿到很好的醬油，覺得如果跟鳳梨搭配會很有趣，然後再加上脆梅，不會相衝而更有層次感。

〈材料〉4 人份
豬小排骨 1 斤，新鮮鳳梨半顆去皮切小塊。

醃漬醬汁
醬油 30 克，飲用水 180 克，糖 10 克。

調味料
番茄醬 30 克，蘋果醋 5 克，砂糖或冰糖 10 克，伍斯特醬或牛排醬 5 克，法式芥末籽或美式黃芥末醬 15 克，匈牙利紅椒粉 1 克或辣椒粉少許，醬油 5 克，黑胡椒粉 1 克，蒜頭 2 個切碎，蘋果汁或柳橙汁 200 克。

〈作法〉

1. 豬小排骨剁小塊，放入醃漬醬汁內，放入冰箱冷藏至少 2 小時。

2. 混合所有調味料。

3. 撈出豬小排瀝乾，加熱平底深鍋，倒入小排肉大火炒至肉上色有焦香味後，加入混合好的調味料，煮開後轉小火加蓋燉煮15 分鐘（每 2～3 分鐘就要翻攪一次，避免燒焦）。

4. 打開鍋蓋轉中火收汁，待醬汁轉濃稠後即可關火並試吃濃淡度，加入新鮮切塊鳳梨混合均勻即可盛盤（如果家裡有梅漬小番茄也可以加入，讓口感更豐富）。

TIPS

1. 前一天要先把排骨醃漬準備好。

2. 如果有梅子，也可以連同梅子汁先跟鳳梨一起浸泡一下。

3. 小火燉煮常翻動。

主廚好友真心話

我是客家人，不會把鳳梨煮熟，我們會生吃，但一定要和肉搭配著吃。

詩涵

原來客家人有這樣的想法，我會嘗試用鳳梨一起醃肉，或是一起燉煮，這樣會更軟嫩但現在這樣吃，也會有不一樣的清爽感。

法蘭

鳳梨汁加入醬汁也不錯，會有不同的香氣。

美虹

鳳梨和海鮮是很相搭的，這道菜酸爽帶辣味、甜味，很開胃也很適合夏天。不用章魚的話可以用蝦子或是花枝，另外做好的莎莎醬用途很多，可以直接吃、當沙拉、抹醬，比較特別的是加了香菜根，用的是椰糖，也會給予沙拉不一樣的香氣和風味。

鳳梨莎莎涼拌章魚

創作者　胡作室——胡里歐

〈材料〉4 人份
大章魚 1 隻，白酒 100cc，迷迭香 3 支，月桂葉 2 片，鳳梨半顆，檸檬汁半顆，紫洋蔥半顆，蒜頭 2 顆，香菜 1 把，辣椒少許，橄欖油 30cc，黑胡椒粉適量，鹽 1 小匙，椰糖適量。

〈作法〉

1. 燒一鍋熱水，水滾後放入迷迭香、月桂葉、章魚，倒入白酒後轉小火，上蓋燜煮3分鐘即熄火。

2. 準備一盆冰水，將燜煮熟的章魚撈起，泡入冰水中冰鎮備用。

3. 鳳梨、紫洋蔥、蒜頭、辣椒切小丁，香菜切末，取一調理盆，將前述菜料放入，倒入橄欖油、檸檬汁、黑胡椒粉、鹽，最後再加椰糖，調整至自己最喜愛酸甜度，完成鳳梨莎莎醬，備用。

4. 將冰鎮好的章魚取出，腳切薄片、身體切成與腳片差不多大小形狀，與鳳梨莎莎醬拌在一起，冷藏半小時後，即可食用。

TIPS

1. 燙章魚的時候需要加上肉桂葉、迷迭香和白酒去除腥味。

2. 燙完後要泡冰水才會Q。

3. 香菜的根味道濃郁一定要使用。

主廚好友真心話

如果再加上玉女番茄，感覺會很有衝擊性。

美虹

突然想到這個醬拌生蠔，再加上泰式檸檬葉一定也會很好吃。

胡里歐

我覺得這道菜可以單吃，但如果拌冷麵，削點檸檬皮，就是很完整的一餐。

法蘭

鳳梨金鑽流沙白肉魚

創作者 美虹廚房——朱美虹

我覺得鳳梨很百搭，和鹹蛋黃也很合，因為兩者香氣和味道都是很濃郁的，加起來應該會有不一樣的火花，而且鳳梨還可以調和一下蛋黃的腥味。這樣的醬汁很解膩，讓煎過的魚油變得比較清爽，並且提出魚肉的鮮甜味。

〈材料〉1 人份
白肉魚約 500g，鹹蛋黃 6 個，雞蛋 2 個，鳳梨 400g，五彩胡椒粒少許，鹽少許，糖少許。

〈作法〉

1. 先將鹹蛋黃搗碎，再打入 2 個雞蛋拌勻。
2. 接著用細目網篩過濾，再加入 200g 切碎的鳳梨後，一起用調理機打成泥。
3. 將鳳梨泥用極小火煮成流動的醬汁，並用鹽、糖調味。
4. 魚用鹽、五彩胡椒醃一下，再煎熟。
5. 將煎好的魚肉盛盤，並將作法 3 的醬汁中再加入 100g 的鳳梨汁跟 100g 的鳳梨丁，拌勻後即可附在魚肉旁即完成。

TIPS

1. 生鹹蛋黃用酒蒸熟。

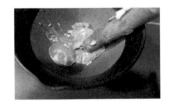

2. 將熟蛋黃搗碎。

3. 鹹蛋黃和雞蛋要放在一起過篩。

主廚好友真心話

胡里歐

這個醬可以壓一點堅果碎或是胡椒放入，搭配蘇格蘭炸彈一定很有趣。

法蘭

紅椒很提味，畫龍點睛，這個醬汁如果加一點香草也許會更有層次，或是弄鹹一點，做魚肉塔塔或是牛肉塔塔的調醬。

詩涵

感覺很適合做麵包的夾餡。

椰奶鳳梨當季蔬菜沙拉

創作者——找找私廚——史法蘭

以前有一種調酒很紅，叫做 Pina Colada，是蘭姆酒、鳳梨汁和椰奶的搭配，每次喝這種調酒，都會覺得很有渡假的感覺。所以這次的創作就想借用這個調酒的搭配，用鳳梨和椰奶來做沙拉醬汁。沒有選擇起士，而是用比較容易取得的豆腐，搭配市場上能買到的各種蔬菜，另外就是在鳳梨的呈現上，除了有生食的，也有烤的，因為我覺得烤鳳梨引出一種成熟的香甜味。

〈材料〉
鳳梨 1/4 顆，椰奶 2 大匙，板豆腐 1/2 個，生菜 2 人份，市場上看到適合生吃或清燙一下即可的蔬菜如彩椒、櫛瓜、龍鬚菜、紫洋蔥等，橄欖油適量，鹽、胡椒適量。

〈作法〉

1. 鳳梨的一部分榨汁，鳳梨肉拌碎加入，一部分切小塊，切小塊的 1/2 在無油的鍋子上乾烤至上色變稍軟。

2. 帶肉鳳梨汁與椰奶、橄欖油調和在一起，加鹽和胡椒調味。

3. 生菜用手撕一口大小泡冰水備用，彩椒、櫛瓜、紫洋蔥等切小丁（紫洋蔥要泡水），龍鬚菜燙 1 分鐘置於冰水中。

4. 板豆腐用杯子或是乾淨的重物壓著約一個小時，把水倒掉，板豆腐切小塊。

5. 沙拉脫水，蔬菜一部分和豆腐和醬汁拌勻，一部分作裝飾。

TIPS

1. 洋蔥丁要泡水去除辣味，不然吃起來會太搶味道。

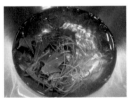

2. 葉菜類在鹽水裡汆燙完放入冰水中，才會保持顏色不變軟。

3. 豆腐要用重物壓至少 1 個小時才會徹底把水壓出來。

4. 鳳梨要乾煎才會出現焦色。

主廚好友真心話

加點堅果更提味，可以做甜點的淋醬，和肉類也很搭。

胡里歐

醬汁如果加點鳳梨豆腐乳會很有趣。

美虹

之後要試試看烤鳳梨壓成的汁，可能會更溫潤。

法蘭

芭樂

人人愛的國民水果

芭樂，是熱帶喬木或灌木，原產於中美洲墨西哥到南美洲北部，被引入到世界各地的熱帶和亞熱帶地區取果實用來食用。甜味種糖度高，果肉甜脆，適合鮮食；酸味種可加工製果汁、果醬。尚可鹽漬、甘草漬、製罐、製蜜餞、果乾和製酒；葉片和未熟果曬乾研磨成末，可製成健康食品「菝仔茶」。

成熟的芭樂果實，果皮為淺綠色，般不用削皮。果含有較豐富的蛋 A、C 等營養物質微量元素，為低水分高，易有飽足常好的保健食品。味道香甜可口。脆薄，食用時一肉厚、甜。其白質、維生素及磷、鈣、鎂等熱量、高纖維、感之水果，是非

芭樂種類有很多，例如：無籽芭樂、珍珠芭樂、土芭樂…等，最常見的兩大種類是白肉芭樂和紅心芭樂，白肉芭樂果肉米白色，較大且扎實，硬度高較清脆。

紅心芭樂果肉西瓜紅，較小且鬆軟，口感熟透後較多汁、柔軟。白肉芭樂維生素 C 較多，紅肉芭樂茄紅素和維生素 A 更高。

食材補給站

1. **主要產季**：一年四季都有，盛產期在夏季的 7～8 月，生產地集中在彰化、南投、嘉義、台南、高雄及宜蘭。

2. **如何挑選**：果形完整、無病蟲害，用手指輕彈表面，聲音清脆者佳。表皮有皺紋、凹凸起伏明顯者佳，表示果肉較多、籽較少；若表面較平滑，代表甜度比較低。

3. **如何保存**：用塑膠袋包好後放入冰箱冷藏。若在室溫下存放，約 2～3 天就會熟成變軟，建議儘早食用完畢。

About Chef
客座廚師大公開

料理會舉辦場地：宜蘭慢島生活

鄭婷如——安步良食

台北人，因為很愛吃，15 歲至高餐學習料理，目前在宜蘭市經營「安步良食 誠食料理製作所」，斜槓青農與食育。生活即是禪行，平凡但不簡單，練習在速食社會中安步靜心，謙卑、真誠的去愛，實踐擇食，對生命表態。

蛋糕隊長楊婉君 (阿君)，咖啡隊長楊瑾玓 (阿玓ㄌㄧ ˋ)——散步咖啡

我們是來自南部的 2 人小隊：單尼歐手作，進駐在宜蘭的「散步咖啡」
本著無畏無懼的精神，也不自我設限的態度，讓像家的老宅會呼吸香醇的咖啡味，甜點樸實，用料實在，甜而不膩再搭配著當季食材，最後灑上一點南部人的自然 high。

芭樂鹹火腿冷盤

創作者——找找私廚——史法蘭

珍珠芭樂的果肉很香脆，跟鹹火腿相搭有一種突出的口感，紅肉芭樂的香氣做醬汁，會讓料理變得更多層次。

〈材料〉2 人份
珍珠芭樂 1 個，紅心芭樂 1 個，鹹火腿 2 片，紅黃椒 2 條，黃瓜 1 條， 芽菜少許，紫蘇葉 3 片，橄欖油 1 大匙，鹽和胡椒少許。

〈作法〉
1. 紅、白芭樂的一半切塊，和橄欖油一起打成醬汁，加少許鹽和胡椒提味。
2. 另一半切塊，紅黃彩椒切丁，鹹火腿捲片，黃瓜削薄片捲片。
3. 用湯匙畫醬汁，把芭樂塊和彩椒丁先擺好，再依次把黃瓜捲和火腿捲插入，最後加上芽菜和小紫蘇葉裝飾。

TIPS

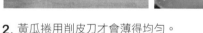

1. 盡量用均質機打芭樂醬汁才會細緻。
2. 黃瓜捲用削皮刀才會薄得均勻。

主廚好友真心話

建議可以加一點莫札瑞拉起士。

美虹

可以做素的，可以加檸檬汁或是做成芭樂油醋，酸一點。

婷如

建議灑起士粉，或是刨一點帕瑪森，建議可以口味更重一點。

散步

泰式水果沙拉＋芭樂高粱 mojito

創作者　安步良食——鄭婷如

我想分別用 2 道適合這個季節的夏日料理來獻給我的父母。芭樂果泥混搭我爸最愛的高粱酒，搭配薄荷勁涼與舒爽，像我爸一樣帥和陽光。芭樂與當季水果混搭我媽最愛的辣椒製成的泰式酸甜醬汁，像我媽一樣熱情豪爽。

〈材料〉1 ～ 2 人份

芭樂高粱 mojito
紅心芭樂熬製的果泥 2 大匙，新鮮紅心芭樂適量，新鮮薄荷葉適量，檸檬 1/4 顆，糖 1 大匙，高粱酒 1 大匙，氣泡水（或蘇打水）半杯，冰塊 1/3 杯。

泰式水果沙拉
綜合蔬果：芭樂、蘋果、葡萄、小番茄、糯玉米、麻竹筍。（可依自己喜好準備）
泰式沙拉醬：朝天椒辣椒 1/3 根，蒜頭 3 瓣，蝦米 1 小匙，炒過的花生 2 小匙，現榨檸檬汁 2 大匙，魚露 1 大匙，椰糖 1 小匙，白糖 1 小匙。

〈作法〉

芭樂高粱 mojito

1. 在杯中加入檸檬、薄荷葉與糖，用木棍搗出風味。
2. 加入紅心芭樂果泥、高粱酒、冰塊、氣泡水、冰塊拌勻。
3. 最後以新鮮紅心芭樂、薄荷葉裝飾。

泰式水果沙拉

1. 水果切小塊，蔬菜煮熟切小塊，備用。
2. 搗碎辣椒及蒜頭後，加入蝦米及花生搗碎，最後加入檸檬汁、魚露、椰糖、白糖搗至糖均勻溶解。
3. 將沙拉醬拌入蔬果中，盛盤。
4. 最後以番茄花作為裝飾。

TIPS

1. mojito 的薄荷葉和糖，要用木棍搗碎。

2. 泰式沙拉的醬汁，搗碎辣椒和蒜頭，建議用木碗和木棍而不是用刀，才不會留下金屬味。

3. 先把番茄切薄條後，再捲起。

4. 疊番茄花。

主廚好友真心話

莫基托可以更酸一點，也可以加一點果乾。

美虹

法蘭

莫基托可以加一點梅子粉，很有夜市芭樂的感覺。

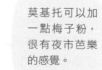

沙拉的醬汁可以多加椰糖，再甜一點。

散步

芭樂香蕉煎餅

創作者　美虹廚房──朱美虹

不是常聽到個笑話，香蕉你個芭樂嗎？所以就想試試看，希望能保留芭樂的口感和香氣，但有點無聊，所以還加上果乾，再用奶油煎，把香味提出來。

〈材料〉2 人份
芭樂 1 顆，紅心芭樂 1 顆，芭樂果乾蜜餞 1 把，香蕉 2 條，荳蔻粉少許，春捲皮 4 張，奶油 50g。

〈作法〉
1. 先將芭樂、紅心芭樂分別剉成絲狀備用。
2. 將香蕉剝皮後壓成泥狀。
3. 芭樂蜜餞切成丁狀。
4. 將春捲皮展開，上面先鋪上香蕉泥、芭樂絲，上面再灑上芭樂蜜餞丁、荳蔻粉，最後折起春捲皮包成四方形。
5. 煎鍋中放入奶油，開火後迅速放入作法 4，待 2 面都煎成微焦狀態就完成了。

TIPS

1. 芭樂用刨絲器刨，比較均勻好看。

2. 檸檬汁除了可以阻止香蕉泥氧化，也可以提味。

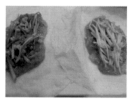

3. 使用春捲皮一層一層捲起。

4. 煎到金黃色。

主廚好友真心話

芭樂乾很跳，建議可以加一點酸甜的醬，讓香蕉泥更有層次一點。

法蘭

可以搭配冰淇淋或是蜂蜜。

散步

建議上面可以加一點鮮奶油。

婷如

桂花芭樂凝乳塔

創作者　散步咖啡——楊婉君、楊瑾玓

芭樂，臺灣的「國民水果」一年四季都有，對芭樂的印象就是，減肥與健康的好夥伴。想說能不能幫這位好夥伴好好包裝，優雅的出場呢？發現用桂花的清香勾勒出芭樂的輕爽，搭配乳酪醬，又可多一點味道層次。吃芭樂甜點也可以很優雅。

〈材料〉4 人份

餅乾底

奇福餅乾 100g，奶油 40g。

芭樂凝乳

奶油 60g，雞蛋一顆，砂糖 40g，檸檬汁 5g，芭樂泥 160g，吉利丁 2 片。

乳酪醬

鮮奶油 100g，乳酪起司 100g，酸奶 20g，桂花蜜 15g。

裝飾

桂花蜜一點點，乾燥桂花一點點。

〈作法〉

餅乾底

1. 餅乾敲碎。
2. 奶油隔水加熱融化，與餅乾拌勻。
3. 入模，壓緊實，放冷藏備用。

芭樂凝乳

1. 奶油放置常溫軟化。
2. 芭樂洗淨去籽打成泥狀。
3. 雞蛋、砂糖、檸檬汁，加上芭樂泥，隔水加熱攪拌至 70 度。
4. 離火，加入吉利丁、奶油，拌勻過篩備用。
5. 待涼後，裝入餅乾模。
6. 冷藏 4 個小時以上或是隔天。

乳酪醬

1. 鮮奶油打發至不流動。
2. 乳酪起司隔水加熱攪拌至軟化，加入酸奶、桂花蜜拌勻。
3. 鮮奶油與乳酪起司拌勻即可。

在模型內先放下餅乾底，再加上芭樂凝乳，冷藏定型後脫模，加上乳酪醬，再加上桂花蜜和桂花。

TIPS

1. 餅乾底。

2. 凝乳需要隔水加熱

3. 過篩。

4. 乳酪醬。

主廚好友真心話

感覺可以增加一點酸度，或是加一些芭樂丁增加口感。

法蘭

味道很優雅，如果用紅心芭樂也很美。

美虹

以紅白相搭看起來會更漂亮。

婷如

芋頭

既是糧食也能當蔬菜

芋頭屬天南星科，多年生宿根性草本　　植物，常作一年生作物栽培，其球狀地下莖（塊莖）可食用亦可入藥。

芋頭最早產於中國、馬來西　　亞以及印度半島等炎熱潮濕的沼澤地帶，在全球各地廣　　為栽培。

芋頭是一種重要的蔬菜　　兼糧食作物，營養和藥用價值高，富含蛋白質、　　鈣、磷、鐵、鉀、鎂、鈉、胡蘿蔔素、煙酸、維　　生素 C、B 族維生素、皂角　等多種成分，澱　　粉顆粒小至馬鈴薯澱粉的 1/10，其消化率可　　達 98% 以上，尤其適於嬰兒和病人食用，除　　主要利用澱粉外，芋頭還可以用於制醋、釀　　酒、分離蛋白質、提取生物鹼等。

食材補給站

1. 主要產季：臺灣主要是 7 ～　　9 月盛產，地區以甲仙、大甲、金山、吉安、公館、烈嶼較著名。
2. 如何挑選：選擇體型飽滿渾圓，頭部鼓　　起，紋路間隔等距而且細膩，沒有斑點或是怪味。
3. 如何保存：如果帶泥土可以直接常溫保存，如果已經洗淨可以用報紙包起常溫保存，兩週內食用完畢。
4. 注意事項：

· 皮要削厚一點。

· 汆燙可以去除黏液。

· 生剝芋頭皮時需小心。可以倒點醋在手中，搓一搓再削皮，芋頭就傷不到你了。如果不小心接觸皮膚發癢時，塗抹生薑，或在火上烘烤片刻，或浸泡醋水都可以止癢。

About Chef
客座廚師大公開
料理會舉辦場地：宜蘭慢島生活

鍾憶明——佳實米穀粉

任性的中年婦女／2 個美麗少女跟 3 隻可愛毛孩的阿母。

創辦如實製粉有限公司，專門生產及代工各種國產米穀粉的公司，致力生產全台灣最美味好用的米穀粉。並著有無麩質烘焙料理教科書。

游文政——麥麵子小館

18 歲那年一頭栽進了餐飲的奇妙旅程。

在新北市新店地區的西餐廳任職行政主廚，期約 18 年，一路摸索著食物與調味和烹飪方式所譜出的三重奏。對於傳統美食有著獨特的情感！至今開一間可以實踐自己的想法的小館——麥麵子小館。一間想要帶給大家，像母親煮的那種記憶中的食物的小館，盡量用食物的天然美味，只以少許的調味，一點繁複的工序，就能讓味道擁有層次感，「原味呈獻」是麥麵子小館的心情，讓味及胃有回家的感覺。

台味芋角米穀粉鹹派

創作者　佳實米穀粉——鍾憶明

很想保留芋頭的元素和香氣，挑戰一個鹹口味的米穀粉派，因為芋頭很容易變乾，試做了 8 次才滿意。

〈材料〉8 吋圓形模或 23cmX14.5cmX5cm 方形模

派皮

糙米米穀粉 150g，杏仁粉 30g，鹽一小撮，冰涼的奶油 65g，冰涼的中型的雞蛋一個，打散的蛋黃 1/2 個（從內餡材料表裡的雞蛋借來用）。

內餡

芋頭切成一公分大小的丁狀 150g，洋蔥末 50g，新鮮的香菇丁 50g，雞胸肉切丁 100g，中型雞蛋 2 個，牛奶 50g，披薩起司 50g（可省略），黑胡椒少許，鹽少許，香菜少許（可省略）。

〈作法〉

派皮

1. 烤箱預熱 180℃。

2. 將粉類材料和鹽放在攪拌盆裡，稍微拌合。

3. 將奶油切成黃豆狀的大小，跟盆子裡的粉邊捏開邊混合，直到材料呈濕砂狀。

4. 將中型雞蛋一個打散，倒入作法 3，將其輕輕的拌勻成團狀，若還是很容易散開，可添加少量冰牛奶或冰水。

5. 如果奶油融化得很厲害，可先裝在保鮮盒裡，冷藏 1 小時後再進行下一步驟。

6. 把材料移入派盤中，用手指幫助材料在派盤裡鋪開。

7. 蓋上烘焙紙，倒入烘焙石，用 180℃ 烤 15 ～ 20 分，至派皮熟透為止。

8. 取出放涼，移除烘焙紙及烘焙石，刷上一層蛋黃液即可。

內餡

1. 將芋頭丁放在盤中，用電鍋或蒸籠蒸 3 分鐘，讓芋頭半熟。

2. 鍋子內倒入適量油，把半熟芋頭丁煎香，表面呈淡棕色，讓芋頭丁定型，撈起備用。

3. 鍋內留下兩大匙油，先將洋蔥末炒香，邊緣呈現淡褐色即可。

4. 再下香菇丁炒到香味飄出，再加入雞胸肉丁炒至變白半熟。

5. 最後加入芋頭丁略炒，並用黑胡椒及鹽調味，味道要比平常習慣的鹹一點。

6. 將炒好的內餡盛出放涼備用。

組合

1. 將剩餘的雞蛋及牛奶拌勻，再將炒好放涼的內餡加入拌勻。

2. 將內餡舀在準備好的派皮上，並將披薩起司撒在上面。

3. 用 180℃ 烤 40 分鐘，至內餡熟透，表面呈金黃色為止。

4. 食用前可放上少許香菜點綴。

TIPS

1. 派皮要用叉子戳洞和加烘焙石才不會浮起。

2. 芋頭要半熟去炒才不會太軟爛。

3. 要先跟蛋液牛奶混合均勻，再倒入派中。

主廚好友真心話

感覺和海鮮或是煙燻的肉也很合適。

美虹

很想有個醬汁搭配或是在醬料裡面加起士。

文政

可以用酸奶油做醬料。

憶明

我是重口味，會很想搭配煎香的培根，或是宜蘭的鴨賞。

法蘭

芋頭米疙瘩沙拉

創作者　美虹廚房——朱美虹

芋頭是根莖類，感覺做疙瘩會很合適，因為剛好也有萵苣生產，所以做清爽的沙拉。

〈材料〉4 人份

芋頭 200g，米穀粉 250g，地瓜粉 10g，全蛋一顆，水 120g，各式生菜，可搭配喜愛的自調沙拉醬。

〈作法〉

1. 先蒸熟芋頭放涼。
2. 將放涼的芋頭加入米穀粉、全蛋、地瓜粉，先稍微抓勻混拌，再慢慢分次加入水，到粉類可以全部揉至光滑即可。
3. 將米糰稍微醒 20 分鐘後即可做成麵疙瘩，建議可做成西式用叉子壓過的形狀，到時比較好入味。
4. 水滾後再將米疙瘩放進煮 2 ～ 3 分鐘，撈起放入冷水中浸泡 3 分鐘以防糊化，撈起瀝乾備用。
5. 先將瀝乾的米疙瘩放進沙拉醬中沾上味道，最後再跟生菜一起盛盤。
6. 也可以再切一點芋頭丁炸過撒在沙拉上。

TIPS

1. 當時產什麼蔬菜都能搭配。

2. 要把粉抓均勻再一次次地加水，才不會有塊狀。

3. 米穀粉比較乾，可以加點油。

4. 還可以用叉子的背面壓出花紋。

主廚好友真心話

憶明

甜椒可以少一點因為太搶戲了，米疙瘩裡面可以有點芋泥，感覺會更有口感。

文政

可以加點海鮮進來，就是一道主菜了。

法蘭

米疙瘩很Q，搭配很清爽，也可以試試看燙完之後用炒的，就是適合秋冬的溫沙拉。

干貝芋香糕

創作者 麥麵子——游文政

覺得芋頭跟蝦米香菇很配，這道菜有一點客家作法，但有調整，比較費工，而且需要現做，但是很經典回味再三的味道。

〈材料〉4 人份

紅蔥頭 2 顆，乾香菇 3 朵，蝦米 10g，豬絞肉 100g，小干貝 10 顆，芋頭 1 顆，綠櫛瓜 1/3 條，地瓜粉 20g，鹽和白胡椒粉適量，四方模具、水適量。

〈作法〉

1. 芋頭去皮後切條狀，約 0.5cm，紅蔥頭切末，香菇切丁，蝦米剁碎、干貝碾碎，綠櫛瓜切丁。
2. 炒料：少許油、放入蝦米，紅蔥頭、香菇、豬絞肉、干貝、綠櫛瓜一起拌炒，再加入胡椒、鹽巴、少許水。等涼後就可擺入芋頭裡。
3. 擺放：先將芋頭條放第 1 層，並加入少許地瓜粉，第 2 層放入炒料，並加入少許地瓜粉，第 3 層放入芋頭條和少許地瓜粉，第 4 層放入炒料和少許地瓜粉，第 5 層放入芋頭條，最後干貝放少許在最上層。
4. 蒸煮時間：30 分鐘。

TIPS

1. 蝦米和紅蔥頭需要先
爆香,再放其他的料。

2. 盡量把芋頭條排整齊
不然會漏餡。

3. 餡料也需要鋪滿才會
有一層一層的感覺。

4. 也可以放烘焙紙在模
具邊緣會更好脫模和
維持形狀。

主廚好友真心話

美虹

如果用竹葉
或是月桃葉
包著蒸會有
香氣,搭生
菜也不錯。

憶明

剛開始很好吃,但久
了口感會疲乏,也許
可以加一點櫛瓜或是
香菜,增添清爽的風
味,也可以用干貝酥
替代干貝。

法蘭

加一點脆的芋
頭會更有層
次,然後可以
做一點芋泥當
黏著劑來固定
餡料。

141

芋香櫻桃鴨

創作者　找找私廚──史法蘭

芋泥鴨一直是我很喜歡的一道菜，這個創作是改編了一下，加入西餐的元素，芋頭用醬汁和炸的兩種方式呈現，把根莖類的特性和我喜歡的芋頭香表現出來。

〈材料〉2 人份

櫻桃鴨胸 1 副，芋頭 1 顆，洋蔥 1/2 顆，牛奶 2 大匙，高湯 2 大匙，鹽 35g，開水 1000cc，刨碎帕瑪森起士 2 大匙，百里香和食用花少許，胡椒少許。

〈作法〉

1. 鴨胸在前一天從冷凍庫拿出，直接切斜刀紋，再浸泡在 3.5% 的鹽水（鹽 35g，開水 1000cc）裡。

2. 第 2 天拿出來，熱鍋不放油，皮朝下用鍋蓋壓緊煎出表面金黃，再翻面煎 3 分鐘，冷卻之後切片備用。

3. 芋頭 1/4 顆去皮切丁炸酥，放在旁邊備用。

4. 芋頭 3/4 顆去皮蒸熟，洋蔥切絲炒出香氣透明狀，再將蒸熟的芋頭加入一起炒，倒入高湯、牛奶煮到滾。

5. 用攪拌棒或是食物調理機打碎煮滾的醬汁，用鹽和胡椒調味備用，也加入一點煎鴨胸出的油。

6. 刨碎的帕馬森放在烘焙紙上，180 度預熱的烤箱烤 5 分鐘直到成形。

7. 將作法 5 放入盤中，加入作法 2 和 3，旁邊以作法 6 烤起士片和香草食用花裝飾。

TIPS

1. 不要等鴨胸退冰才切，皮會爛掉，冷凍庫拿出來一下下就可以切。

2. 煎鴨胸不要加油，皮朝下，會煎出很多油。

3. 拿個工具緊壓住鴨胸，皮才會脆，否則會太肥。

主廚好友真心話

鴨油要加多一點才會覺得味道融合。

美虹

鴨胸可以用醬油悶，也可切更薄一點，也可以考慮加一點酸度在醬汁中提味。

文政

醬汁裡的芋頭脆可以更多一點，才會更香。

憶明

白花椰菜
低醣料理的新巨星

...椰菜，英文名稱
...菜，屬甘藍類。食
...色兩種，原產地為地
...印度栽培的白花椰
...利、法國和英國。

...花椰菜營養成
...、脂肪、碳水
...質（鈣、磷、
...、錳、鉻、硒
...素（A、B1、
...酸、C等），
...C特別多，
...，是大白菜的
...的8倍、芹菜

「Cauliflower」為十字花科
用花蕾部分，分白色及深
中海沿岸，現在中國
菜最多，其次為義

分中含蛋白
化合物、礦
鐵、鉀、
等）、維
B2、菸
其中維生
超過甘藍
4倍、番
的15倍。

食材補給站

主要產季：台灣的產季大約在8月至3月，冬季的品質較佳，主要產地為彰化、高雄、嘉義、雲林、台南等。

如何挑選：花蕾堅硬緊實，外型圓滾，沒有刮傷或變色，也不會看起來粉粉的，葉片呈淺綠色且茂密叢生，拿起來會覺得飽滿沉重。

如何保存：建議用報紙包裹，冷藏保存，並於一週內食用完畢。

如何料理：沙拉、醃漬、炒、湯品、滷煮等都很合適。若是要吃莖的部分，要沿著纖維縱切，口感會比較嫩甜，橫切會切斷纖維，容易釋出雜味。

About Chef
客座廚師大公開

料理會舉辦場地：宜蘭慢島生活

Erica —— 芭蕉小喜蔬食咖啡館

曾是漫畫家、劇場演員、民宿掃工、2個孩子的媽，現在是芭蕉小喜蔬食咖啡館的廚工。

因為喜愛旅行又愛吃，對世界各地的食物有著熱情的好奇，原來食材有如此不同的使用方式，而且都很好吃！

2年前做蔬食後才知道四季的蔬菜們有著各種顏料般的色彩！將他們做出組合，帶出原始的風味，將一口一口的小喜送入大家的味覺中，這真是個千變萬化迷人的世界。

家慧 —— 好森咖啡

經營好森咖啡，是在羅東市區，這個喧囂小鎮，巷弄裡一個美好的小書店。

分享的不只是書，還有咖啡、小食、生活。

旅行中，另一個家的生活與溫度。

145

熱情的柯柯菜菜 taco

創作者 芭蕉小喜蔬食咖啡館—— Erica

冬末初春是菜的蓬勃生長期，柯大哥（合作小農）的菜園裡，什麼顏色的菜都可以收成了，平日在店裡就會做蔬食 taco 販賣，頗受好評。所以決定使用當季的蔬菜，搭配烤過就很好吃的白花椰菜，做成墨西哥風味試試看。這個食譜把常常會使用的鷹嘴豆泥用在地的地瓜泥取代，做了一點變化，並用宜蘭產的米穀粉做 taco 皮。

〈材料〉4 人份
花椰菜 1/2 顆，櫛瓜 1 條，菜心 1 條，青椒 2 個，番茄 1 個，辣椒幾根，地瓜 1 個，香菜 1 小把，米 taco3 片，原味優格 1 大湯匙，醋醃紫高麗菜絲 1 小盤，奶油、孜然粉、鹽、黑胡椒、義大利香料、紅椒粉、油少許。

〈作法〉

1. 先將地瓜蒸熟，搗爛加入奶油及孜然粉、鹽做成地瓜泥。
2. 花椰菜、櫛瓜、菜心、青椒、番茄切成小塊，拌入煙燻紅椒粉、孜然粉、黑胡椒、義大利香料、鹽、油，入烤箱烤至熟及香。
3. 米 taco 塗上些許奶油烤熱，抹入地瓜泥，加上烤好的料（要吃辣的可切辣椒加入），淋上優格，加上醋醃菜絲、香菜，完工。

TIPS

1. 先把所有的食材擺好享受彩色心情。

2. 白花菜和蔬菜烤的時候要加橄欖油和煙燻紅椒粉。

3. taco 要加一點點奶油乾烤上色，不要其他的油。

主廚好友真心話

花椰菜在裡面的香氣很夠，色彩很豐富。

美虹

原本以為地瓜泥會很甜，但沒想到融合在一起很順口，菜心的表現突出，帶來驚喜的層次感。我感覺這是一個邊角料使用的好方法，然後也許南瓜泥也是可以嘗試的。

法蘭

好森風白花蝦鬆庫斯庫斯

創作者　好森咖啡──家慧

平常料理白花菜都是煮湯，因為很容易軟爛很像奶油，這次想做新的挑戰用炒的。想到現在很流行低醣料理，又覺得白花椰菜切碎了很像庫斯庫斯（北非小米，一種粗麥麵粉）的口感，所以在這裡將白花椰菜剁碎取代小米，再用堅果和蘋果取代油條，做一個清爽健康的料理。

〈材料〉4 人份
新鮮蝦仁 8 尾，蘋果、檸檬各半顆，洋蔥半顆，香菜、薄荷、青蔥、芹菜少許，小番茄 5 顆，蒜頭 2 粒，花生碎粒少許，美生菜 1/4 顆，油 1 大匙，蛋黃 1 顆，白花椰菜半顆，水 0.5 大匙。

醃蝦料
薑末 1 大匙，蛋白 1 顆，米酒 1 小匙，胡椒粉少許。

醬料
醬油少許，胡椒粉少許，砂糖 1/4 小匙，海鹽適量。

〈作法〉

1. 白花椰菜切碎成末狀。
2. 鮮蝦去頭與殼，還有沙腸，切成小小丁狀，再略剁幾下，加入醃蝦料拌勻，醃約10分鐘。
3. 洋蔥切丁，蒜頭切末。青蔥、薄荷、香菜、芹菜洗淨切花。蘋果切丁泡鹽水，小番茄對切。
4. 美生菜洗淨，從側邊中間用刀切對半，剝下一片片葉泡入冰塊水冰鎮約1分鐘，取出完全瀝乾水分，備用。
5. 鍋熱放入一大匙的油，先將蝦丁炒至變色半熟，起鍋備用。
6. 同鍋放入少許油，爆香蛋黃、洋蔥丁，續加入蒜末炒香後，放入白花椰米碎丁與0.5大匙水拌炒至洋蔥丁變透明，加鹽與醬料調味，試吃鹹淡度。
7. 轉中小火放入蝦丁且不停翻炒至熟。
8. 切碎的青蔥、香菜、薄荷、芹菜、蘋果丁還有小番茄鋪底，盛入炒好的蝦鬆白花椰米，擠上一點檸檬汁後輕輕拌勻，最後再撒上些花生碎即完成。要吃的時後用生菜葉包覆就變身為蝦鬆囉。

TIPS

1. 如果家中沒有食物調理機，也可以直接將花椰菜花朵和梗用菜刀剁碎。

2. 這道菜蝦需要先用醃蝦料（含蛋白）醃漬去炒才會嫩。

3. 生菜一定要擦乾，不然會讓蝦鬆軟掉而影響口感。

主廚好友真心話

家慧

這道菜吃起來很像花生冰淇淋捲，如果加點花生粉可能會很不錯。

Erica

花椰菜不能炒太久，要維持香脆的口感。

法蘭

這是健康版的蝦鬆，而且蘋果的出現有驚喜感，只是花椰菜不見了，也許切大一點？感覺把花生換成杏仁也會很不錯，杏仁跟蝦子很搭。

白花椰菜
腰果蒸蛋

創作者　美虹廚房——朱美虹

白花椰菜平常都是用炒的,盛產的時候如果想要一次用多一點,打成泥也許是一個選擇,又希望可以讓小孩子接受,所以和蒸蛋一起,原本也有想過攪在一起,但期望有不同的層次,所以分成兩層,而因為白花椰菜的味道比較淡,因此選擇增加風味但不搶味的腰果與之搭配。

〈材料〉4 人份
白花椰菜 200g,腰果 10 顆,高湯 500cc,蛋 2 顆,鹽少許。

〈作法〉
1. 先使用一半的高湯 250cc,煮熟花椰菜跟腰果。
2. 再將煮熟的花椰菜跟腰果放進調理機,並加入約 100cc 煮過花菜的高湯,加入少許鹽巴調味,一起打成泥狀,倒入 3 個杯裝容器備用。
3. 將蛋打散以鹽巴調味,並加入跟蛋液等量的高湯,倒入作法 2 同樣的容器中,蛋液會在菜泥的上層,再將全部裝好的容器用慢火隔水蒸熟即完成。

TIPS

1. 白花椰菜泥中加入腰果可以增加柔順的口感,一起煮即可。

2. 先把腰果倒入杯中再加蛋才會有層次。

主廚好友真心話

我覺得堅果很出彩,留一點顆粒好像也不錯,或是蒸蛋裡面加一點菇或是其他的料,不然吃到後面口感會有點疲倦。

法蘭

上面可以留多一點白花椰菜本尊,搭配蒸蛋一起吃口感比較不會膩。

Erica

蛋可以更軟一點,也可以在蛋裡加一點花椰菜泥,也許會更有層次。

家慧

胡蘿蔔花椰菜蝦湯

創作者 ── 找找私廚 ── 史法蘭

因為現在流行低醣也考慮健康因素，用白醬做濃湯的法式手法也有了更新，白花椰菜是最近歐美很流行的食材，因為很容易搭配又很有營養，只要煮熟打碎就是濃湯底，找找私廚的湯就常常以白花椰菜加上某種蔬果作不同的變化。

今天是以白花椰菜搭配胡蘿蔔，可以中和掉有些人比較敏感的胡蘿蔔菜味，還可以帶出它的甜味，再加上蝦子增添一點蛋白質，另外因為我實在喜歡乾烤白花的口感，所以也留一點在上面裝飾也增加口感。

〈材料〉
白花椰菜 1 顆，胡蘿蔔 2 根，洋蔥 1/4 顆，蝦仁 10 隻，牛奶400cc，蝦高湯 100cc，鮮奶油 2 大匙，橄欖油、鹽、香料少許，裝飾性葉子如酸模、櫻桃蘿蔔片等。

〈作法〉

1. 蝦子去腸脫殼備用，蝦殼乾炒出香氣後加水煮成蝦高湯。
2. 洋蔥切絲，白花菜留下一大朵，其他的洗淨切小朵，胡蘿蔔洗淨切小塊，拿一個鍋子加油，炒香洋蔥後加入白花菜和胡蘿蔔，都出現香氣後加水煮沸，加一點鹽，待煮軟瀝乾放涼。
3. 用食物調理器把白花椰菜和胡蘿蔔，加入牛奶打成泥（牛奶請一點一點地加，不要過稀）。
4. 留下的一大朵白花菜切剖面，淋上橄欖油，綜合香料和海鹽，180 度烤箱烤 15 分鐘。
5. 取一新鍋加少許油，乾煎蝦子到出香氣，

用鹽和香料調味。
6. 酸模洗乾淨，櫻桃蘿蔔切片備用。
7. 作法 3 取出置於小鍋，加上蝦高湯煮滾，以鹽調味。
8. 取一湯碗，倒入胡蘿蔔花椰菜湯，放上煎蝦仁和烤花椰菜，以酸模和櫻桃蘿蔔片裝飾，最後淋上鮮奶油即可。

TIPS

  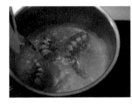 

1. 剪掉蝦頭，從後面開背即可去蝦腸。
2. 蝦高湯不要加油，要乾煎。
3. 有香氣後再加水煮成高湯。
4. 從側邊切花椰菜會有平面的花朵型狀。

主廚好友真心話

洋蔥的香氣很夠，可以為白花椰菜的味道多一點層次。

家慧

也許把洋蔥變成蒜，一起炒過打成泥，味道也會很有意思。

美虹

烤過的花椰菜很甜，可以吃到兩種口感，也會很想試試看不加胡蘿蔔，純粹的花椰菜湯，應該會是很濃郁香甜的味道。

Erica

冬瓜

清涼消暑的大塊頭

冬瓜，屬葫蘆科，是一年生蔓性草本植物。原產中國南部及印度，現在東亞和南亞地區廣泛有栽培。莖葉上有茸毛，黃色花，圓形、扁圓或長圓形果實，大小因品種而不同，可以數斤到數十斤。瓜皮為綠色，多數品種成熟的果實有白粉厚並且疏鬆多汁白色果肉味淡。

為什麼夏天所產的瓜，取名為冬瓜呢？這是因為瓜熟表面上有一層白粉狀的東西，就像冬天的白霜，另外有個說法，由於其保存期長，不切開可以保存至冬天而得名。

冬瓜包括果肉、瓤和籽，含有豐富的的蛋白質、碳水化合物、維生素以及礦質元素等營養成分。由於富含維生素 C，除了預防感冒、養顏美容外，還可抑制病毒和細菌的活性；含有油酸及能抑制體內黑色素沉積的活性物質，是天然的美白潤膚佳品。冬瓜不含脂肪，膳食纖維又高達 0.8%，是天然的減肥食品，所含的丙醇二酸還能抑製糖類轉化為脂肪，為有益健康的優質食物。

食材補給站

1. 主要產季：5 ～ 9 月，主要產地集中在彰化、屏東、台東，雲嘉次之。

2. 如何挑選：

· 整顆飽滿的最好，表皮不能受損蟲咬，蒂頭置中。

· 已切片的，要挑選瓜肉肥厚，色澤越白，種子黃褐的，代表愈新鮮。

3. 如何保存：

· 整顆的可放置常溫下保存。

· 切開過需用保鮮膜或塑膠袋包起冷藏。

About Chef
客座廚師大公開

料理會舉辦場地：台北淡水 4F 小飯館

Jacky Shen —— 4F 小飯館

2013 年在自家公寓 4 樓開始私廚甜點，所以取名為 4F 小飯館。 2014 年開始第一間餐廳的營運，一開始其實不是很順利的，因為很多人看到招牌走進來，會期待是有飯麵的餐點，不太明白明明叫小飯館，為何只賣甜點？幾經掙扎試菜之後，才正式變成提供正式餐點的餐廳，一路上不時有許多貴人相助，接受許多採訪，也有許多美食前輩將我們納入口袋名單，也許是個性上的執著與對料理的熱情，讓我們始終不甘寂寞地想向完美挑戰。現在的 4F 小飯館，不只有甜點，除了人氣菜單之外，更有高人氣的無菜單料理。沒有最好，只有更好。

薇姐—— 薇姊張郎

出生與成長於桃園空軍眷村，曾任美商公司總經理，日商資深總經理，2018 年底由職場退休。扮演職業婦女與家庭主婦兩種角色近四十年，不論工作多忙碌，都要歡喜逛最愛的傳統市場，下廚為家人做頓家常好飯，除了照顧了先生與孩子的健康，凝聚家人情感，更為自己舒壓解勞。退休後，與先生共同經營「薇姐張郎」粉絲專頁，分享夫妻相處、烹飪、攝影、美食與退而不休，學習自娛娛人技藝的生活點滴。廚藝傳承於山東奶奶與河南婆婆，曾多次接受電台專訪，談美食、生活及受邀在敦南誠品舉辦美食生活講座。

創作者　淡水 4f 小飯館—— Jacky Shen

白蘭地醬燒冬瓜佐帕瑪森起士南瓜

希望做一個簡單美味又有創意的菜，白蘭地醬燒是西式的作法，拿來跟很中式的冬瓜做搭配，卻是一個很合的搭配。

〈材料〉2～3 人份
南瓜 300 克，帕瑪森起士 30 克，鹽 1/4 大匙，蛋 1 顆，冬瓜 200 克，紫高麗菜苗適量，紅酸膜適量，巴薩米克醋膏適量。

醬汁
醬油 1 大匙，水 200cc，糖 1/4 大匙，白蘭地 1 大匙。

〈作法〉

1. 南瓜蒸熟搗成泥，取一鍋小火加熱加入起士融化關火，餘溫拌入全蛋，再加入少許鹽調味，在一旁備用。
2. 醬汁材料混和均勻在小碗裡。
3. 冬瓜切成正方形，開幾刀幫助入味，再炸至上色。
4. 另取一鍋，冬瓜和醬汁小火燒約 15 分鐘，中間需翻面，湯汁收乾後嗆白蘭地，火滅即可。
5. 盤子依序放上南瓜泥、醬冬瓜、紫高麗菜苗、酸模葉。旁邊再裝飾巴薩米克醋膏。

TIPS

1. 在冬瓜上開幾刀幫助入味。

2. 先炸過協助上色。

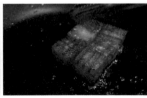

3. 小火慢燒。

主廚好友真心話

巴薩米克醋可以淋在上面，再放點堅果油提味。

法蘭

很想要多一點芥末味或是辛香味。

薇姊

建議加一點堅果。

美虹

奶油洋蔥烤冬瓜

創作者　美虹廚房——朱美虹

冬瓜是比較平淡的食材,有些人會覺得吃久了軟軟的口感會膩,所以想要做個隱藏它的菜,用蛋去提味,用焗烤這樣討喜的方式呈現。

〈材料〉4 人份
冬瓜 200g（切丁），橄欖油適量，帕瑪森起士粉 2 大匙，洋蔥半顆，奶油 2 大匙，麵包粉 2 大匙。

A. 米酒 40cc，胡椒少許，鹽少許，蒜頭末少許。
B. 蛋一顆，生奶油 50cc，水 20cc，鹽少許，胡椒少許。

〈作法〉

1. 將冬瓜切小丁，洋蔥切長條狀。
2. 把橄欖油跟奶油一起放入炒鍋中，再倒入作法 1 炒到熟透，加入材料 A。
3. 將材料 B 放入另一個碗中混合均合。
4. 在烤盤中先鋪上作法 2，再把作法 3 倒入。
5. 在作法 4 上倒入麵包粉及起士粉，放入 180 度的烤箱中烤 15 分鐘上色即可。

TIPS

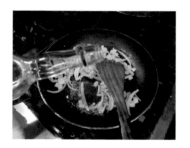  

1. 炒料要加酒。　　　　2. 蛋液先調好再倒入會更均勻。

主廚好友真心話

可以做成鹹派或是小鹹塔，會更有口感。

Jacky

撇除想隱藏冬瓜的考慮，也許可以加一點生的冬瓜下去一起烤。

法蘭

洋蔥也可以考慮是切丁的，才不會蓋過冬瓜。

薇姊

冬瓜魚丸濃湯

創作者──找找私廚──史法蘭

我很喜歡做西式的濃湯，但大部分濃湯都給人厚重的感覺，而冬瓜是我覺得有機會讓濃湯變的清爽的食材，跟蛤蠣肉一起打是個關鍵，可以增添鮮味和口感。為了不太無聊，所以做個加入冬瓜丁的魚丸搭配。

〈材料〉 4人份
冬瓜 300g，洋蔥 1/2 個，蛤蠣 20 顆，白魚肉 100g，蛋 1 顆，鹽和胡椒適量，冰塊 5 塊，水 300cc。

〈作法〉
1. 冬瓜取 100g 切成小丁，魚、蛋、冰塊攪成泥，摔 100 下，用鹽和胡椒調味，與冬瓜丁一起捏成冬瓜魚丸，煎熟上色。
2. 將水煮開，放下吐好沙的蛤蠣，開殼即關火，把蛤蠣肉取出。
3. 剩下的冬瓜切片，洋蔥切條，炒熟之後加蛤蠣高湯和蛤蠣肉一起攪成濃湯，再回鍋熱均勻和調味。
4. 將冬瓜濃湯盛在碗裡，加上丸子即可享用。

TIPS

1. 丸子加冰塊攪打可以讓口感更 Q 彈。

2. 煎會給湯一種不同的香氣，丸子也可以用煮的。

3. 攪打濃湯的時候，蛤蠣高湯要逐量地加。

4. 免得一次讓湯變太稀救不回來，蛤蠣肉要一起打。

主廚好友真心話

Jacky

湯很鮮，但丸子的口感應該可以再 Q 一點。

美虹

丸子也可以加花枝丁，濃湯裡可以保留一點冬瓜丁。

薇姊

丸子可加一點豬絞肉，增加咬勁。

枸杞金華火腿蒸冬瓜

創作者　薇姊張郎──薇姐

冬瓜的味道比較平淡，但與金華火腿一起煮的時候，卻是清爽的好搭檔，而且非常下酒。

〈材料〉2 人份
冬瓜一片約 200g，金華火腿一塊，枸杞子一小把，雞高湯 100cc。

〈作法〉
1. 金華火腿切薄片，燒一鍋熱水，水滾下火腿片，略焯水、去掉一些鹹味後撈起濾乾，待用。
2. 冬瓜去皮、切約 0.8 ～ 1 公分厚片（不可太薄，以免蒸後瓜片過軟，失去口感）。
3. 枸杞洗淨，泡入雞高湯，待用。
4. 將一片冬瓜、一片火腿，一層層疊放在盤內，灑上吸飽雞湯的枸杞子，上蒸鍋蒸 10 分鐘。

TIPS

1. 冬瓜不要切太薄。

2. 大小和火腿要一樣排起來才好看。

3. 枸杞要泡雞高湯，蒸起來會很提味。冬瓜蒸到半透明的狀態即可。

主廚好友真心話

可以加豆皮一起蒸，吃的時候包起來會很有趣。

法蘭

加板豆腐也可以。

Jacky

火腿的鹹味很出跳，可以兩片冬瓜加一片火腿比較平衡。

美虹

山藥
護胃還能防三高

山藥又稱淮山、山芋、山薯，是一種生長在土壤中的 根莖類植物，主要分布在熱
帶與亞熱帶地區，有多達六百多類的品種，其中最 常見的為日本山藥、捏芋、
紫山藥等。

山藥內含豐富的酵素、維生素 B1、維生素 C、 鈣與鉀等營養素，能夠補肺
氣，益腎精，改善虛勞與咳 嗽症狀。而「薯蕷皂素」的
性質黏稠，有潤滑呼吸器 官的作用，可以緩和感冒時
喉嚨不適的症狀，去痰 解咳。

還含高分子黏液蛋 白，對消化器官有保護作
用，能夠修復胃壁 黏膜，緩衝胃酸，避免胃潰
瘍與十二指腸潰 瘍。山藥富含鉀離子，能夠
排除體內多餘鹽 分，有助於血壓控制。

黏性的食物纖維 可以減緩體內糖分的吸收，
鎂、鋅以及維生素 B1 可促進葡萄糖代謝，幫助
胰島素作用，抑制 飯後血糖飆高。

食材補給站

1. 主要產季：10 ～ 4 月，主要產地於台北郊區、 南投、花蓮、台東等。

2. 如何挑選：

 ・大小均一，形狀又胖又直少凹凸。

 ・表皮顏色偏膚色或淺褐色。

 ・表面光滑。

 ・拿起來有沉重感，代表水分較多。

3. 如何保存：建議將完整未切的山藥放置在陰涼通風處，可以保持 1 個月，若是氣溫太高，可以放入冷藏室保存，保存期限可達 3 個月。切過的山藥將切口處用廚房紙巾擦乾，裝入塑膠袋裡，擠出多餘的空氣，密封後再放入冷藏室保存，盡早食用完。

阿德，小寶——莢麵包

女兒的小名是小豆莢，店名簡單的叫做「莢麵包」，在宜蘭冬山的鄉間社區小店。愛著這塊土地，傾力使用這塊土地的農產，真心誠意的製作可以每天一起陪伴生活的麵包。

曹小西——夏至咖啡

不喜歡一成不變的女子，認為美的事物是生活中的不可或缺。10年前離開教職，從事婚禮佈置工作玩花玩手作。後來嚮往擁有自己風格的咖啡空間，獨自創立「夏至咖啡」。

「夏至咖啡」是供應日式家庭料理的咖啡店，菜單是週替式的，還有從日本採購的雜貨販賣。

蜂蜜山藥歐式麵包

創作者　莢麵包——阿德小寶

試做了很多次，如何呈現沒有味道但有特別質地的山藥，想到了全食物的概念，山藥皮很有營養，但一般來說很不好入口，做麵包可以把整根山藥帶皮打進麵團，特殊的木質香氣以及ＱＱ的口感反而讓麵包非常耐吃，有朋友告訴我在人智學裡，山藥是「光根」，是很好的食物，讓我們更想把山藥麵包做得更好吃！

〈材料〉

高粉 1000g，帶皮山藥 500g，冰水 500g（需看山藥狀況調整水量，水溫約 10 度），鹽 25g，乾酵母粉 2g，小麥發酵種 100g（全麥粉養的天然酵母種，沒有也可省略），法國老麵 200g（以法國麵包為基底的隔夜麵團，沒有也可省略），蜂蜜 100g，橄欖油 40g（想吃軟一點點就加一點）。

〈作法〉

1. 前置：先將帶皮山藥打碎備用，不需完全變成泥狀，可以帶著一點小塊粒。要用時再打，不要太早準備好，否則山藥泥很容易變色。

2. 第 1 次攪拌（自我分解）：將高粉、帶皮山藥、冰水一起低速拌勻後，靜置 30 分鐘自我分解，因為山藥很稠，需要這個步驟幫助麵團結合，不然會需要攪打太久，麵團溫度會太高。

3. 第 2 次攪拌：麵團自我分解後，再加上乾酵母粉、小麥發酵種、老麵先以低速攪拌，拌勻後再加入鹽，再以中速攪拌。若發現麵團溫度太高，可以在攪拌缸外面用冰水包覆起來繼續攪拌。等麵團已有筋度後，加入蜂蜜及橄欖油再次低速拌勻，最後再以中速打麵團至筋度呈現厚膜狀態即完成，完成溫度以 23 度為宜，室溫發酵半小時後，進冰箱冷藏至隔天。

4. 分割：隔天將冷藏麵團每個分割 200g，鬆弛至 18 度後，開始整型步驟。

5. 整型：先將大空氣排掉後，將麵團 3 折後捲起成型，進行最後發酵。

6. 烤焙：進爐前，用剪刀柄灑粉裝飾（可用任何你喜歡的裝飾），以上火 230 ／下火 200 度進爐，噴蒸氣 3 秒，15 分鐘後出爐。

TIPS

 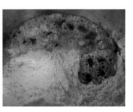 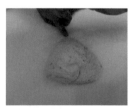 

1. 山藥洗淨帶皮打，顏色和香氣都會不一樣。

2. 自我分解溫度很重要，要加冰水。

3. 整型捲起。

4. 灑上麵粉時，可以使用任何身邊的小物件當模具。

主廚好友真心話

感覺加一點堅果或是地瓜很合適，搭配濃湯就是一餐。

法蘭

山藥皮居然會有辛香料的氣息！

小西

加培根在麵包裡也會很搭。

美虹

山藥起司球

創作者　夏至咖啡——曹小西

山藥是根莖類，很適合替代馬鈴薯，試試看起司球。

〈材料〉45g x 8 顆
山藥半根，奶油 20g，鹽、黑胡椒少許，起士片 4 片，麵粉、蛋液、麵包粉適量，蜂蜜芥末醬少許。

〈作法〉
1. 將山藥切小塊蒸軟，趁熱拌入奶油壓成泥，以少許鹽和黑胡椒調味，放涼備用。
2. 起士片切成數個小正方形，取 5 小片疊成 1 個正方體。
3. 山藥泥一球約 45g，包入起士後用手捏成球狀。
4. 山藥球先沾一層薄薄的麵粉，再滾一圈蛋液，最後鋪滿麵包粉。
5. 起油鍋溫度達 190 度，將山藥球下鍋炸約 2 分鐘至金黃色後撈起，旁邊放上蜂蜜芥末醬，完成！

TIPS

1. 熱的時候比較好捏和塑型。
2. 裹粉的順序不能反。
3. 留意油溫不能低於 190 度。
4. 炸完要拿吸油紙或是廚房紙巾吸油。

主廚好友真心話

法蘭

也許醬汁也可以加一點山藥泥在裡面。

莢麵包

可以放一點山藥丁在球裡，炸的時間短一點保留口感。

美虹

也可以加點絞肉變成更有份量的葷食。

山藥加上燕麥片，做出來會很像雞肉，是一種健康的輕食。

山藥燕麥餅·醬油哇沙米山藥酪梨沙拉

創作者　美虹廚房——朱美虹

〈材料〉4 人份

山藥 300 克，燕麥 50 克，酪梨 60 克，鹽、醬油、哇沙米少許，胡椒少許，油 1 小匙。

〈作法〉

1. 先將 200 克山藥磨成泥後加入燕麥片及鹽、胡椒調味拌勻。
2. 將烤箱設定 200 度先預熱 10 分鐘。
3. 把烤盤上墊烘焙紙，刷一點油，再把作法 1 用湯匙舀 1 大匙鋪平在烘焙紙上，放進烤箱中用 200 度烤 10 分鐘即可。
4. 將 100 克山藥和酪梨切成小丁，加入醬油、哇沙米調味，可搭配山藥燕麥餅一起享用。

TIPS

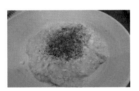

1. 味道可以調重一點，因為山藥跟燕麥都是沒味道的。

2. 烤之前要塗油。

3. 生山藥切丁不要太小，要有存在感強的口感。

主廚好友真心話

如果用煎的會更好，香氣和濕度會更高。

小西

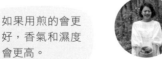

餅乾裡可以加點奶油或是牛奶增加濕度。

法蘭

如果把醬油和在餅裡，也許吃起來會很像仙貝。

英麵包

彩色山藥丸子甜湯

創作者　找找私廚——史法蘭

山藥是根莖類，又有黏性，來做丸子應該很不錯，也可以讓害怕黏滑口感的人，有個機會品嘗不一樣的山藥。

〈材料〉4 人份
山藥一根，抹茶粉 1 小匙，紫米粉 25g，南瓜 25g，砂糖 30g，地瓜粉 40g，太白粉 20g，紅豆湯 4 碗，蓮子 1 把。

〈作法〉
1. 蓮子煮熟放涼備用。
2. 山藥取半根切塊備用，半根蒸熟用攪拌棒打成泥。
3. 南瓜蒸熟用攪拌棒打成泥。

<u>綠丸子</u>
取山藥泥 50g，地瓜粉 20g，太白粉 10g，抹茶粉 1 小匙，砂糖 10g，攪拌均勻揉捏成糰，太乾就加水，太濕黏就加地瓜粉。

黃丸子

取山藥泥 25g，南瓜泥 25g，地瓜粉 10g，太白粉 5g，砂糖 10g，攪拌均勻揉捏成糰，太乾就加水，太濕黏就加地瓜粉。

紫丸子

取山藥泥 25g，紫米粉 25g，地瓜粉 10g，太白粉 5g，砂糖 10g，攪拌均勻揉捏成糰，太乾就加水，太濕黏就加地瓜粉。

4. 再把各糰分成小圓球，滾水煮直到浮起，撈起來備用。
5. 紅豆湯加熱，放入切塊山藥煮 15 分鐘後，加入蓮子和三色丸子，再加糖調味即可關火盛碗。

TIPS

1. 染色盡量使用天然食材，揉糰的時候顏色不亮，煮完之後就變得清晰了。

2. 山藥要用蒸的，不能用煮的。免得水分過多影響成糰或是會造成鬆散。

3. 先捏成大糰，如果沒有要立刻吃，用保鮮膜包好。

4. 在平面捏小球，可以手掌包覆轉圈。

主廚好友真心話

南瓜的山藥感受最明顯。

美虹

山藥塊和丸子相呼應很好。

小西

這樣做比較健康，攝取優質澱粉。

英麵包

玉米

世界總產量最大的糧食作物

玉米是一年生禾本科草本植物，是又稱番麥、玉蜀黍、包穀，中文名之一，面積和產量僅次於水稻和是蔬菜，它屬於全穀類。

全世界總產量最高的重要糧食作物，有一百多種，它是世界 3 大糧食作物小麥，排名第 3。玉米不是水果也不

玉米不脫粒可直接食用，也可以國主要作為飼料、工業生產澱胚芽可以提煉玉米油，還可以加品的甜味，例如各類飲品、麵包、調味劑等。玉米甚至還可以加工

通過蒸、煮、烤等料理方式，在美粉、發酵類藥品的主要原料。玉米工成高果糖漿，常用於增加商業食麥片、零食、醃肉、酸奶、湯料和製造成塑膠、光碟、生物燃料。

玉米富含維生素 A、維生素 C、葉黃素、玉米黃素與 α-胡蘿蔔有大量膳食纖維的全穀，不僅能豐富的膳食纖維及優質蛋白質，癌的風險。

維生素 E、鐵、鈣、鎂、鉀，以及素，對於眼睛有保健的效果，更含促進腸胃蠕動，預防、舒緩便祕，還能增肌減脂，降低糖尿病及大腸

食材補給站

1. 主要產季：10 ～ 5 月，全台各地皆有種植。

2. 如何挑選：

· 鬚根叢生，若完全枯乾呈現褐色，就是熟成的表現。

· 身體立體飽滿，按壓起來要緊實。

· 外皮呈淡綠色，紋路多且漂亮。

· 選擇體型大的，拿到手上要沉甸甸的。

3. 如何保存：玉米在採收後，隨著時間過去，甜度會持續降低，所以最好趁新鮮吃，若要保存，水煮（冷水下鍋，連外皮一起煮，以免甜味流失）之後以保鮮膜包好，冰箱冷藏。等到外皮增厚，則建議改採橫切或是汆燙剝皮使用。

About Chef
客座廚師大公開

料理會舉辦場地：臺北珠寶盒法式點心坊

林淑真——珠寶盒法式點心坊執行總監

2006 年創辦珠寶盒法式點心坊，至今走過 14 個年頭。從一開始的純粹喜歡，到後來一路創業，毅然決然告別設計師工作，從零開始學習廚藝。秉持法式精神，重視風土與節氣的思維來選用食材。客人即家人的理念，使用品質最好、最天然的食材製作點心，讓所有人都能吃得安心。

吳振戎——珠寶盒法式點心坊麵包主廚

從工程師到麵包師，因為喜愛烘焙，而開始學習麵包製作。嘗試製作各式各樣的麵包類型，企圖於傳統中挑戰創新，努力朝向更多層次的味覺變化。同時與小農合作，探索更多在地滋味，將台灣各地農產、食材融入於麵包之中，製作出更符合在地享用的味道。

肉醬玉米涼糕

創作者　美虹廚房——朱美虹

玉米澱粉含量高，但是有甜味，與在來米粉一起做成像是碗粿的點心，配上義大利肉醬，是美味的點心。這是快手媽媽菜，玉米醬和肉醬都可以選用現成的。

〈材料〉2 人份
在來米粉 50g，玉米醬 40g，玉米粒 20g，冷雞高湯 60g，鹽少許，番茄義大利肉醬 200g。

〈作法〉
1. 先將在來米粉過篩，再倒入雞高湯、鹽跟玉米粒和玉米醬後拌勻。
2. 將作法 1 倒入鐵盤中，用中火隔水蒸 15 分鐘。
3. 待作法 2 放涼，切成小塊。
4. 最後淋上番茄義大利肉醬，即可食用。

TIPS

粉和水的比例要注意，雞高湯要慢慢的加入，才容易拌勻不會結塊。

主廚好友真心話

建議在義大利肉醬裡面也可以加一點甜玉米粒。

法蘭

一部分的米粉可以替換成太白粉，口感會更有彈性。

淑真

玉米糕可以切成薄片，這樣就會很像義大利麵了。

振戎

創作者　找找私廚——史法蘭

三色玉米蔬菜疊疊層

總覺得玉米是很可愛的食材,所以就想做個色彩繽紛的冷前菜,利用玉米醬,玉米的甜脆這樣不同的呈現,去堆疊出來的口味。

〈材料〉2 人份

玉米醬
甜玉米 1 根,牛奶 1 大匙,鮮奶油 1 小匙。

青豆醬
青豆 50g,羅勒葉 2 瓣,帕瑪森起司 1 大匙,大蒜 1 瓣,鹽和胡椒適量,橄欖油 1 大匙。

番茄醬
洋蔥 1/4 顆,牛番茄 1 顆,橄欖油 1 大匙,檸檬汁 1 小匙,羅勒 2 瓣,鹽和胡椒適量。

其他
水果玉米 1 根,甜玉米 1 根,綜合堅果 1 把。

〈作法〉

玉米醬

甜玉米蒸熟取粒，與牛奶和鮮奶油打成醬，過篩取細泥。

青豆醬

把青豆煮軟，加上羅勒葉、起司、大蒜、鹽、胡椒和橄欖油打成醬。

番茄醬

洋蔥切絲，番茄去皮去籽切丁，把兩者炒香，再加上羅勒、胡椒、檸檬汁、鹽、橄欖油等打成醬。

其他

水果玉米和甜玉米蒸熟取粒，堅果壓成粒。取食器小杯，最底層放上番茄醬，放入冷藏待成形後加上玉米粒，再填上青豆醬後冷藏待成形，加上玉米粒後再填上玉米醬，再冷藏成形，最後加上玉米粒和堅果粒即可。

TIPS

1. 玉米醬需要過篩口感才會細緻。

2. 需要一層一層的冷藏成形，才放上一層。

主廚好友真心話

吃起來還是蠻厚重的，可以加一點清爽的食材。

振戎

很有飽足感，可以更小杯一點做簡單的開胃。

淑真

可以加一些薄荷醬和薄荷葉，增添清涼感。

美虹

玉米軟法

珠寶盒法式點心坊麵包主廚——吳振戎

採用高含水量的製作方式,以高比例的台灣在地水果玉米,融入昭和 CDC 法國麵粉,使其口感 Q 彈且不失軟嫩,即便作為隔天早餐,濕潤度依然保持良好。中心包覆著有鹽發酵奶油,外層撒上帕達諾起司,吃起來的香濃味道,有如經典玉米濃湯,擄獲大人小孩的心。

〈材料〉20 顆
細砂糖 20g, 鹽 20g,CDC 法國粉 1000g, 酵母粉 8g, 水 780g,麥芽精 3g,發酵無鹽奶油 28g,水果玉米 750g。

〈作法〉
攪拌麵團
1. 除水果玉米外,全部材料投入(其中無鹽奶油先使用 20g)。
2. 慢速 3 分鐘,快速 8 分鐘,到完全擴展筋度。
3. 再將水果玉米投入,攪拌均勻,攪拌完成後溫度:27℃。

基本發酵

溫度 32℃，濕度 85%，60 分鐘翻面再靜候 30 分鐘。

4. 分割成 120g / 個，滾圓，接著靜置 20 ～ 25 分鐘。
5. 整形滾圓，同時包入 8g 有鹽發酵奶油。
6. 最後發酵 32℃，濕度 75%，40 分鐘。

烘烤

7. 入爐前麵團上撒上帕達諾起司粉。
8. 上火 240℃・下火 200℃，蒸氣 6 秒。

TIPS

整形方法。

主廚好友真心話

真的很像玉米濃湯，很想加點火腿或是培根。

法蘭

可以放點可溶性乳酪，讓油脂增加香氣。

淑真

如果切開夾料會蠻特別的。

美虹

玉米米布丁

創作者 珠寶盒法式點心坊
——林淑真

盛產的玉米很有甜點的風味，所以取代糖做這道經典料理。

〈材料〉8 人份

玉米湯

水果玉米粒 420g，水 600g，奶油 45g，鮮奶油 100g，鹽 2g，蔬菜高湯 80g。

米布丁

材料 A

義大利米 150g，牛奶 500g，香草莢 1/2 條。

材料 B

牛奶 200g，糖 150g，吉利丁片 15g。

材料 C

玉米湯 800g。

〈作法〉

玉米湯

1. 將玉米粒與水拌勻，開大火煮至滾，沸騰之前需撈除多餘的浮沫。煮滾後，轉至小火，再加入奶油、鮮奶油與鹽同煮約 10 分鐘。

2. 將煮好的玉米湯料以果汁機打成玉米湯後過篩，並加入適量的蔬菜高湯調整濃稠度。

米布丁

3. 材料 A 煮滾後轉小火煮約 15 ～ 20 分至米心熟透，可以先泡水 2 小時比較快。

4. 加熱材料 B 的牛奶與糖，吉利丁片以冰水泡軟放入熱牛奶中，攪拌均勻至融化。

5. 將上述兩步驟拌勻並拌入材料 C， 冰鎮至冷卻凝結後攪拌成糊狀即可。

TIPS

1. 取玉米粒的工具。

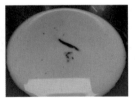

2. 玉米湯的煮製，雜質泡沫要撈起來口感才會細緻。

3. 香草莢需要先泡在牛奶半天以上。

4. 米也要泡半天以上。

主廚好友真心話

振戎

可以更甜一點，也可以加一些小果丁。

法蘭

再加玉米粒下去， 把玉米慕斯放在底下。

高麗菜
人人愛的清甜好味道

高麗菜為甘藍的變種，植物學上稱結球甘藍，起源於地中海沿岸。古希臘人和古羅馬人廣泛種植。至中世紀以後廣泛傳遍世界。

甘藍由荷蘭帶到台灣，荷蘭語為「Kool」，故高麗二字源自荷蘭語，清朝《台灣方志》名稱為番芥藍。

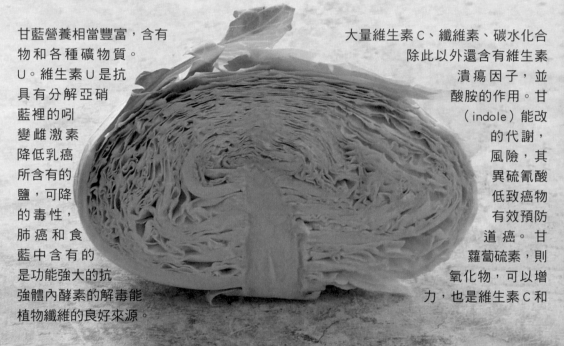

甘藍營養相當豐富，含有大量維生素C、纖維素、碳水化合物和各種礦物質。除此以外還含有維生素U。維生素U是抗潰瘍因子，並具有分解亞硝酸胺的作用。甘藍裡的吲（indole）能改變雌激素的代謝，降低乳癌風險，其所含有的異硫氰酸鹽，可降低致癌物的毒性，有效預防肺癌和食道癌。甘藍中含有的蘿蔔硫素，則是功能強大的抗氧化物，可以增強體內酵素的解毒能力，也是維生素C和植物纖維的良好來源。

甘藍有公、母之分，公的甘藍外觀比較尖，筋軟味甜。母的外表較圓，纖維較多。而在同一顆高麗菜中，愈靠近外側，纖維愈粗，味道愈香濃。因為纖維粗，菜葉厚，所以外側的葉子適合用油烹飪。愈到中心愈嫩，中心菜葉適合做沙拉。

食材補給站 ....

1. 主要產季：全年皆有，12 ～ 3 月是盛產期。主要產地在雲林、彰化、 嘉義等。

2. 如何挑選：菜心小並且位於正中間，沉重捲度厚實，葉片之間沒有縫隙。

3. 如何保存：按照部位分切報紙包裹冷藏保存，一週內食用完畢。

About Chef
客座廚師大公開

料理會舉辦場地：宜蘭找找私廚

葉國棟——菊丹日本料理

鑽研日本料理30年，跟隨日籍師傅新原里志先生，學習道地的懷石料理。除了原有的技術和經驗之外，也不斷學習新式料理，在成熟的技藝上，做大膽的創造和細心的烹調。並通過日本國家考試，是官方正式承認的正宗日本料理職人。

Candy Chang ——生態廚師

14歲立志開一家能令人感到幸福的餐廳。
2014年回到家鄉，從故鄉食材故事找起，善用宜蘭食材與西式烹調手法融合，發想出充滿故事的宜蘭味。

法式高麗菜捲

創作者——生態廚師——Candy Chang

台灣菜有一道高麗菜蒸肉，法國菜也有。

我在法國讀書時，嘗過法國媽媽做給我吃的焗烤菊苣，因此我將高麗菜蒸肉做成了精緻版，並使用普羅旺斯地區常用的調味，包覆上法國火腿、淋上白醬。做成了這道帶有法國靈魂的高麗菜蒸肉。

〈材料〉4 人份

高麗菜苗 4 個，絞肉 200 克，洋蔥丁 60 克，蒜碎 20 克，鹽、胡椒適量，迷迭香、義式香料依個人喜好添加，法式火腿 4 片。白醬適量，麵粉 30 克，奶油 30 克，鮮奶 300 克，蒸高麗菜流下的湯汁適量，帕瑪森起司 50 克。

〈作法〉

1. 洋蔥炒香，加入蒜頭炒香放涼備用。
2. 將炒香放涼的洋蔥、蒜頭加入絞肉裡，調入自己喜歡的味道

（如鹽、胡椒、迷迭香、義式香料）。

3. 用剪刀將高麗菜苗的心剪下後，再填入絞肉餡。

4. 用綿線將高麗菜苗綁緊，放入蒸籠蒸約20分鐘，取出備用。

5. 將麵粉跟奶油放入鍋中炒，慢慢加入微溫的牛奶。

6. 加入帕瑪森起司粉，此時可加入高麗菜湯汁增加甜味。

7. 剪去高麗菜苗的綿線，包覆法式火腿。

8. 放入烤盤，淋上白醬焗烤至上色即可。

TIPS

1. 從底部將中心切除。

2. 小心塞入絞肉。

3. 蒸的時候要綁緊。

4. 湯汁也要加進白醬裡，菜外面放上火腿再淋上白醬。

主廚好友真心話

可以再多點點油脂，如果是大菜的話，可以一層一層的夾肉。

美虹

雖然香料的味道很強，高麗菜的味道不明顯，但如果沒有高麗菜就不會有甜味。如果要一層一層的加，要加一點筋性。

葉國棟

營養豐富小朋友會非常喜歡，如果沒有要一層一層的加，我會在絞肉裡面加上海鮮，口感會更有變化。

法蘭

高麗菜豐盛凍卷

創作者　美虹廚房──朱美虹

想要吃高麗菜冷的清甜的感覺，也希望裡面有點蛋白質（所以加了鳥蛋），另外也希望用醬油和芥末來提出高麗菜的甜味。

〈材料〉4 人份

高麗菜葉 3 ～ 4 片，紅蘿蔔 1 條，玉米筍 4 條，熟鵪鶉蛋 6 個，蘆筍或四季豆 4 條。

高湯凍材料

吉利丁粉 10 克，寒天粉 2 克，雞高湯 500cc，火腿 1 片，鹽、胡椒、味霖少許。

〈作法〉

1. 先將高麗菜葉及其他的蔬菜用水燙熟。
2. 再把燙熟的高麗菜鋪在方形（或其他形狀）的模型裡。
3. 依序將火腿、蔬菜跟鵪鶉蛋排列在模型裡。
4. 先將吉利丁粉加入少許冷水備用，在雞高湯中加入寒天粉、鹽、胡椒、味霖攪拌並加熱，直到寒天粉完全融化後熄火，稍待片刻待溫度降至 80 度以下，即可放進吸飽水分的吉利丁，攪拌均勻。
5. 將作法 4 倒入作法 3 中，並待高湯冷卻凝固後把高麗菜葉折疊覆蓋好，送進冷藏冰鎮 4 小時後即可取出，切厚片擺盤食用。

TIPS

1. 水煮高麗菜時要盡量壓進水中。

2. 要將煮好的高麗菜葉鋪滿模型。

3. 放入模型的時候也可以考慮一下橫切面的圖案。

主廚好友真心話

法蘭

亞洲人對蔬菜凍的接受度一直不高，有時候也是因為菜味太強烈，這一版葷食的用雞湯，吃起來就覺得很順口。另外加上火腿也很提味。

葉國棟

可以先用高麗菜加雞湯熬出甜味，另外形狀也可以考慮跳脫方形，做茶巾凍的形狀。

Candy

加上竹筍會很鮮甜。

高麗菜飯糰組合

創作者　找找私廚——史法蘭

一直覺得高麗菜又脆又甜，也是很好的容器，但只是炒著吃覺得很單調，所以希望能讓高麗菜用各種姿態出現，和台灣人的主食米飯做一些創意的搭配。

〈材料〉2 人份

高麗菜 1/2 顆，熟米飯 1 碗，吻仔魚 1 小匙，油漬番茄 2 個，起司片 1 片，蘿蔔乾 1 條，燻鮭魚 1 片，美乃滋 1 小匙，洋蔥末 1 小匙，韭菜 2 根，鹽少許。

〈作法〉

1. 高麗菜一片片剝除，外葉清燙 1 分鐘後切 1 公分寬的條狀，中間部分清燙 1 分鐘後整片放涼備用，內葉部分灑一點鹽放置 10 分鐘後洗淨擦乾，切成絲後放置在冰水 5 分鐘。
2. 吻仔魚炸酥脆，起司片切成 1 公分寬的條狀，蘿蔔乾切丁，燻鮭魚切碎，和美乃滋、洋蔥末攪拌均勻，韭菜燙熟。
3. 分別組合成 4 種飯糰。

A

將蘿蔔乾和米飯做成飯糰，一部分用高麗菜葉包起來，用韭菜綁起來。

B

另一部分飯糰用起司條和高麗菜條交叉編織包起來。

C

高麗菜在底下，上鋪有米飯，油漬番茄和吻仔魚。

D

高麗菜絲瀝乾，底下鋪米飯，上面放燻鮭魚沙拉。

TIPS

1. 吻仔魚建議要炸得酥酥的。

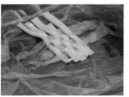

2. 起司片和高麗菜條用編織的方式交叉。

3. 燙高麗菜的鍋子要準備寬一點。

4. 飯糰要組成型放在高麗菜中包起，如果葉子太大可以用剪刀剪成自己要的形狀。

主廚好友真心話

Candy

起司飯糰如果炙燒一下會更有火氣和顏色。

葉國棟

顏色可以更多元化一點，例如加上胡蘿蔔。

美虹

高麗菜如果包燉飯，可能味道會更融合，也會更香濃。

高麗菜
伊比利火腿捲

創作者　菊丹日本料理──葉國棟

高麗菜的清甜，會想能做清爽的味道，所以用高麗菜的甜味，伊比利的鹹味，很符合日本料理的原味精神，至於柴魚凍則是很重要的提味角色。

〈材料〉4 人份
高麗菜 4 葉，紅蘿蔔半條，小黃瓜 1 條，雞蛋 2 顆，伊比利火腿 8 片，柴魚高湯 250cc，吉利丁粉 10 克。

〈作法〉
1. 先將高麗菜、紅蘿蔔及小黃瓜汆燙。
2. 蛋打散下鍋煎成蛋皮。
3. 火腿微煎。
4. 將小黃瓜跟紅蘿蔔刨皮。
5. 將高麗菜舖平後依序將蛋皮、紅蘿蔔片、小黃瓜、火腿片舖上捲起即可。

醬料
柴魚高湯加入調味料跟吉利丁粉，冷卻後放入冰箱。

TIPS

1. 用方形鍋煎蛋捲比較好塑型。

2. 煮柴魚高湯的時候，可以用泡茶包，才不會散掉。

3. 捲的時候注意要捲緊，火腿要煎過才會有香氣。

主廚好友真心話

美虹

捲裡面也可以加一點海鮮。

Candy

這個柴魚凍有高級味。

法蘭

柴魚凍很提味，捲裡的變化可以很多，例如加生魚片或是 HAM。

香菇
具有濃郁香氣的營養蔬果

香菇,又叫做北菇、香蕈、厚菇、薄菇、花菇、椎茸,為小皮傘科香菇屬的物種,是一種食用菇類。鮮香菇脫水即成乾香菇,而且會產生濃郁特有香氣,同時便於運輸保存,是一種重要的南北貨。香菇品種依菇體大小分類為大葉種、中葉種、小葉種,依生產季節又分為春菇、夏菇、秋菇、冬菇。

香菇是低熱量、高蛋白、高纖維的食物,所含醣類比米或薯類少且不易被消化吸收。蛋白質方面含有多量優質胺基酸等,胺基酸利得寧,攝取後會促進體內的膽固醇排泄。

香菇還含有多醣類物質香菇多糖,其中一種β-1,6-葡聚糖注射入人體則有抗癌作用,也有多種酵素,可以幫助消化或有益健康。

食材補給站 ●●●

1. 主要產季:冬天長得慢,但能留住濃郁香氣。夏天香氣淡,但肉厚飽滿。主要產地為新社、埔里、新竹尖石、五峰、宜蘭南澳、屏東牡丹、台東大武及達仁等地。

2. 如何挑選:

・ 香味濃厚,菇肉厚實,菇面平滑,大小均勻。

・ 乾燥,不黴、不碎,內側捲起,菌褶細膩,菌軸粗。

3. 如何保存:

・ 新鮮香菇可用紙袋或是報紙包裝後,置於冰箱冷藏,可保鮮一星期左右。

・ 乾香菇則應放在密封罐中保存,並最好有時取出放置陽光下曝曬一次,可保存半年以上,也可直接冷藏、冷凍保存,以避免腐敗或生蟲。

・ 如何料理:不要清洗,才能保留香氣,用廚房紙巾擦乾淨即可。

Eric 任祖祥──姓任私廚

曾是記者，不斷遊走於兩岸，北京個體餐廳擁有人。2017 年回台，成立私廚「姓任」。生活隨性，擅長無國界的不正宗料理，像是茅臺剁椒魚頭、東湧酒鬼牛等。座右銘「當沒有音樂時，我……就是在喝酒的路上。」

紀玉君（荳荳）──尋俠堂葡萄酒專賣廚藝顧問、MUA 荳荳食品

人生一直不斷在斜槓，曾經是被廣告文案耽誤的廚師，被書籍作者耽誤的藝術工作者，被廚藝耽誤的書籍作者。

小路的陽台西班牙私房菜創辦人及主廚，PS TAPAS 餐飲廚房顧問，尋俠堂、葡萄酒管家、WINE PAIRING Chef、上海、台灣多家廣告公司文案、CD，GCD。

創作者　美虹廚房——朱美虹

蒜頭奶油香菇燒

這道菜想用烘烤的方式拉出香氣，用奶油、蒜頭和洋蔥去提出香味。

〈材料〉4 人份

香菇（小或中）8 個，奶油 1.5 大匙，蒜頭 2 瓣，洋蔥丁 1 小匙，調味料（檸檬汁 1/2 匙、麵包粉 2 小匙、鹽、胡椒粒少許）。

〈作法〉

1. 先將奶油置室溫放至軟備用，再把香菇用乾餐巾紙擦拭並去蒂，蒜頭切成細末。
2. 將奶油、蒜頭、洋蔥末及調味料一起混合均勻。
3. 將香菇倒放，排好。再將作法 2 分別盛在香菇傘中，放進小的吐司烤箱中烤 5 ～ 6 分鐘後即可食用。

TIPS

1. 菇不要洗，用紙擦拭乾淨。

2. 檸檬汁會讓麵包粉變清爽。

3. 填料時先把料壓進皺摺中。

4. 填料盡量保持飽滿才會好看。

主廚好友真心話

荳荳

可以把檸檬汁加奶油打發，再加馬鈴薯泥去做餡料。

法蘭

香菇根可以切碎了放在餡料裡。

Eric

在香菇生的時候可以用鹽醃一下，就不會覺得和餡料的味道分離。

軟炸香菇 魚香素鱔佐

創作者　姓任私廚——任祖祥

香菇炸完之後和鱔魚很接近，口感也不會這麼油膩，很下酒又比較健康。

〈材料〉2～3人份
主食材
大乾香菇至少3朵（魚香），花菇兩朵（軟炸）。

魚香小料
醋約10cc，冰糖約10g，薑末5g，蒜末5g，素蠔油8g。

軟炸糊
蛋1個，麵粉5克，太白粉4克、五香粉適量、泡打粉1個（蛋打出泡，再和全部混合均勻）。
其他：鹽適量，胡椒粉、酥炸粉、白芝麻、七味粉少許，油1大匙，香油1小匙。

〈作法〉

1. 花菇泡發後，用刀切十字，加一點鹽後攪拌靜置 10 分鐘。

2. 軟炸糊材料用手搓揉攪拌，放入十字切刀後的花菇靜置。

3. 把泡軟的乾香菇，「稍稍」地擠出水分，順著它的周邊剪成頭尾細長的條狀（長度自訂），沾上酥炸粉，抖掉多餘粉末，放在廚房紙巾上，備用。

4. 油鍋 220 度，關火，放入作法 2 的花菇（偶爾翻面），1 分鐘後撈起。

5. 再度開火，將油溫升至 200 度，逐一快速放入作法 3 的材料，不沾黏的情況之下再攪拌，快上色時（一旁觀看），趕緊下作法 4 的花菇，攪拌 10 秒鐘後全部撈起瀝油，墊上吸油紙，一旁備用。

6. 除了蒜末之外，把魚香小料的所有東西混在碗裡攪拌均勻（調整自己喜歡的味道）。

7. 平底鍋少許油，放入一半的蒜末煸炒後，加入作法 6 以及香菇繼續煸炒與收汁，適時加水，最後放入另一半蒜末，拌炒關火再加點香油。

組合

1. 收汁時，將 2 種香菇擺盤，接著澆汁。

2. 素鱔上撒點白芝麻，軟炸花菇撒上點胡椒、鹽、七味粉，更為美味。

TIPS

1. 花菇要放在軟炸糊靜置才會入味。

2. 素鱔要彎曲的感覺要沿著邊剪。

3. 油炸的油要夠多。

主廚好友真心話

Eric

這道菜天生就是熱菜，要快吃！因為拍照成了涼菜，素鱔吸收太久外來的滋味，味道會超重。要當涼菜也可以，調味料全部減半即可。

美虹

這道菜配法國麵包感覺也很合適。

荳荳

酸和甜比較重，很適合搭配粉紅酒，尾韻會轉甜。

西班牙蔬菜烘蛋

創作者 MUA荳荳食品—— 紀玉君（荳荳）

以西班牙烘蛋來回答菇這個主題，另外還有一個「清冰箱」的想法，冰箱裏常常剩幾顆蛋，一點蔬菜，一些洋蔥，一些菇，每樣都一點點，除了炒什錦，還能做什麼才能畢其功於一役全部消滅呢？那就是西班牙烘蛋了！在西班牙學做西班牙菜時，這道菜不會做是無法過關的。是西班牙的每一個小酒吧裡一定會出現的一道小菜，馬鈴薯、洋蔥和蛋，是基本的 3 樣食材，至於其它要再加什麼料進去就看廚師個人的喜好及口味了。最困難的是成形，剛開始學時總是翻鍋沒翻好，兩個手肘老是被鍋子燙了好幾道疤，舊的疤還沒好，新的疤又加上去了，倒成了學做西班牙菜的深深回憶。最好吃的是裡面的蛋汁有點不熟的，吃起來滑潤甜美，蔬菜的各種清香都很融合又各別獨立，有時自己在家裡做一個，就可以讓一家 4 口當主食，澱粉、蔬菜和蛋，該有的營養都有了！

〈材料〉4 人份

馬鈴薯 3 顆，洋蔥 1 顆，蘑菇、香菇各數朵，菠菜 1 把，蛋 6 顆，橄欖油適量。

〈作法〉

1. 先將 3 顆馬鈴薯削皮並切成薄片，放入耐熱 190 度的橄欖油中炸軟後取出。

2. 再將 1 顆洋蔥去皮切大塊，入鍋炸軟後取出備用。

3. 將蘑菇、香菇切片後，入鍋中炸軟後取出備用。

4. 將 1 把菠菜去根洗淨放入一鍋中，注滿冷水，開火煮熟，取出放涼，水瀝乾切碎。

5. 將炸好之馬鈴薯、洋蔥、蘑菇、香菇、菠菜置入一大碗中，打 6 顆蛋混勻。

6. 取一直徑約 18 公分左右平底鍋，刷上一點橄欖油，將作法 5 全數倒入鍋中。

7. 以小火均勻慢烘整個鍋底，至蛋汁成形。

8. 取一平盤蓋住鍋面，將料全部倒至平盤中。

9. 將平盤的烘蛋放回鍋中，再烘至成形即可。

TIPS

作法 2 ～ 5 來回至少 2 次，直到烘蛋成形。

主廚好友真心話

法蘭

我會加起司和香料，做得更重口味一點。

Eric

我會試試看加紅椒粉或是醃肉。

美虹

我會加一點番茄進去，用酸度讓料理更有層次。

荳荳

果然每家都有自己的配方啊！

彩蔬香菇醬

創作者 —— 找找私廚 —— 史法蘭

菌菇醬是我覺得非常有魅力的一款經典醬汁，配什麼食材都很適合，這道菜是純素的，而且很原味，但鮮香濃郁，一掃素食很清淡的印象，如果有很多邊角料不知道該怎麼辦，這也是一個很好的方法。

〈材料〉4 人份

菌菇醬
香菇 5 朵，蘑菇 5 朵，香菇高湯 100cc，油少許，鮮奶油 1 大匙，鹽和胡椒適量。

彩蔬
香菇 2 朵，蘑菇 3 朵，玉米筍 2 支，紅黃彩椒各 1/2 個，茭白筍 1 根，橄欖油 2 大匙，義大利綜合香料適量，鹽和胡椒適量，鮮香草如九層塔、迷迭香、薄荷等。

〈作法〉

菌菇醬

1. 香菇、蘑菇切塊，熱鍋加油炒熟，等涼一點加上高湯，用均質機打成醬汁。
2. 放回鍋裡加熱，加鮮奶油攪拌均勻乳化，再加鹽和胡椒調味。

彩蔬

所有的蔬菜都切塊，熱鍋加橄欖油煎熟，加上義大利香料、鹽和胡椒調味。

組合

將菌菇醬鋪在底下，放上煎好的彩蔬，最後加上鮮香草裝飾即可。

TIPS

 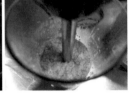  

1. 菌菇炒軟一點再去打，口感會比較綿密，味道可以調的重一點，彩蔬的調味可以清爽保持原味，用菌菇醬的鮮味去提升蔬菜的清香。

2. 單炒的菌菇可以脆一點保持口感。

3. 蔬菜可以炒出一點焦色，會更有食慾感。

主廚好友真心話

荳荳

有些菇我可能會用整顆烤的方式，封住菌菇新鮮的甜味。

Eric

醬可以加一點芥末籽，就能帶領香菇大軍更加提味。

美虹

也可以加入竹筍、櫛瓜、小黃瓜等，除了想加芥末，也想加點堅果類。

白蘿蔔
年節必備好彩頭

白蘿蔔屬於十字花科，是 1～2 年生的草本植物，原產地從地
中海到中亞，眾說紛紜。

白蘿蔔因品種不同，有各種形狀和大小，但水份佔可
食用部分將近 95%，台灣常見的白蘿蔔品種有杙
仔、矸仔、美濃白玉蘿蔔、梅花蘿蔔、紅皮蘿蔔、　　　　　　　　　　　　櫻桃蘿蔔等。

糖類以葡萄糖最多，辛辣部分是揮發　　　　　　　　性的異硫氰酸烯丙酯（Allyl
isothiocyanate，AITC），是酵素　　　　　　反應下的產物，所以經過磨泥
等作業，細胞遭到破壞，酵素　　　　　　　跑出反應後就會跑出辛辣味。
白蘿蔔的所有部位都可以吃，　　　　　　上半部水份比較多也比較甜，
越往尾部辛辣味會更明顯。

食材補給站

1. 主要產　　　　　　　　　　　　季：在全年全島都有，但以冬季生產的較美味。

2. 如 何　　　　　　　　　　挑選：葉根呈直線，外皮摸起來是硬的。蘿蔔根
   的 鬚　　　　　　　　　　根痕跡等距，筆直排列但不能太多，不然會造成水
   分和養　　　　　　　　　分的流失，倒拿輕敲聲音清脆。

3. 如何保存：　　　　　　　　保持有泥土的狀態可以放比較久，另外為保持養分不被吸
   收，建議蘿　　　　　　　蔔菜根與菜葉切開分開保存，可以用報紙包起來，也可以先曬
   乾保存。

4. 如何去除澀味：曬乾，淋熱水，撒鹽，泡水等。

About Chef
客座廚師大公開

料理會舉辦場地：宜蘭慢島生活

曹小西──夏至咖啡

不喜歡一成不變的女子，認為美的事物是生活中的不可或缺。10 年前離開教職，從事婚禮佈置工作玩花玩手作。後來嚮往擁有自己風格的咖啡空間，獨自創立「夏至咖啡」。

夏至咖啡是供應日式家庭料理的咖啡店，菜單是週替式的，還有從日本採購的雜貨販賣。

齋藤典子──月光莊

出生京都，在東京工作到 311 東北震災後移居沖繩，以沖繩食材料理開設 6 年早餐店，2017 年來到宜蘭縣深溝村，與深溝小農們一起用友善食材做出抱麴、甘酒、味噌等發酵食品，一面種菜一面做發酵、一面研究草藥、料理，現在也以宜蘭月光莊管理人的身分，跟來自世界各地的旅人交流，並在尋找自我的旅途中。

醃蘿蔔起士蛋包

創作者 美虹廚房——朱美虹

當季生蘿蔔的口感和風味十足，又可以染色，所以決定醃漬看看。而醃蘿蔔一定只能當作是醃菜配稀飯嗎？也不一定喔！決定拿來包起士蛋，做前菜會很清爽，小朋友也會喜歡。

〈材料〉6 人份
白蘿蔔半條（400g），米醋 300cc，冰糖 200g，新鮮薑黃 50g，梔子果實半顆，蛋 2 顆，高達起司 50g，鹽少許，韭菜 5 根。

〈作法〉
1. 先將白蘿蔔去皮，削成圓形薄片，泡到糖醋液中（加入米醋、冰糖；另一種糖醋液中放入薑黃、梔子果實染成黃色）靜置一晚入味。
2. 打蛋液再加入高達起司一起炒熟備用。
3. 先將韭菜用滾水燙過再放入冰水保持鮮綠。
4. 食用前把醋漬蘿蔔鋪平，放上起士炒蛋，最後用韭菜綁起。

TIPS

1. 不能碰到水否則容易
   壞,去皮之後醃漬,
   只加米醋和糖。

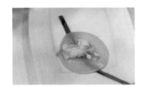

2. 韭菜置中,小心綁結。

3. 讓餡料從兩旁都能看
   得到。

主廚好友真心話

法蘭

剛剛單吃醃漬蘿蔔覺得
好酸喔,但沒想到和起
士蛋在一起,酸味降低
很多變的平衡耶!如果
要給小朋友吃,也可以
直接生蘿蔔片烤一下,
辣會去除口感又還是脆
的也可以包。

小西

蛋的鬆軟和蘿
蔔的脆相搭很
有層次,又很
漂亮。

典子

出乎意料
的相搭,
看起來是
和食,但
吃起來很
西式。

207

彩色醬汁蘿蔔排

在日本吃過風呂吹（一道用水或是高湯煮熟之後淋上甜味噌吃的料理），對於這樣直接表現蘿蔔鮮甜的煮食方法印象深刻，但希望能有所變化，所以決定用蘿蔔做醬汁，將食材用不同的方式呈現出來。

〈材料〉4 人份
醬汁
白蘿蔔 450g，洋蔥 100g，白葡萄酒 60cc，油 1 大匙，酸奶油 70g，奶油 15g，雞高湯 600cc，牛奶 300cc，鹽、白胡椒適量，薑黃粉一小匙。

蘿蔔排
白蘿蔔半條，鹽、胡椒適量，雞高湯 50cc，水適量，蘿蔔葉少許，甜菜根兩小塊。

〈作法〉

醬汁

1. 將蘿蔔放入烤箱，以 75℃ 烤 30 分鐘，去掉蘿蔔的澀味，烤出甜味。
2. 將烤好的蘿蔔去皮，切小塊。
3. 燉鍋加熱，放入奶油。
4. 將洋蔥炒軟，再放入蘿蔔拌炒一下。
5. 加入白酒，煮一下，煮掉酒氣。
6. 倒入雞高湯，煮滾後轉小火，燉煮 30 分鐘，將蘿蔔煮軟。
7. 用調理棒將蘿蔔打成醬汁，加一些牛奶調整稠度，之後將打好的蘿蔔湯過濾。
8. 濾好的湯汁倒回燉鍋，小火加熱，放入酸奶，以鹽和胡椒調味。
9. 甜菜根 180 度烤箱烤 1 小時。

10. 濾好的醬汁分 2 份，一份與薑黃粉攪拌均勻，一份與甜菜根攪拌染色，再各自倒回燉鍋，小火加熱，放入酸奶，以鹽和胡椒調味成 2 份醬汁。

蘿蔔排

1. 菜根切成 4 公分厚，削皮後在其中一面畫上刀痕，菜葉切成碎末。
2. 蘿蔔放入鍋裡，注入剛好可以蓋過材料的水，以小火燉煮，只要牙籤能穿過即可，煮汁要留起來。
3. 沙拉油倒入平底鍋內，畫上刀痕的那面朝下，以中火煎出顏色後翻面，倒入煮汁和高湯，燜煮 5 分鐘後加入菜葉，調味。

TIPS

  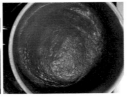 

1. 白蘿蔔以低溫（75 度）烤過半小時之後打成泥，再加天然染色食材，澀味和辣味會去除。

2. 記得畫出刀痕比較容易熟透，煎出顏色看起來比較有食欲。

主廚好友真心話

可以吃的到蘿蔔的原味，第一口雖然不會驚艷，但卻很耐吃。

小西

有點像是關東煮，調味或口感上可以加上其他的食材，感覺會更強。

美虹

如果有好的水和蘿蔔，這樣的煮法是非常好的，能完全發揮蘿蔔的原味。

典子

大根天婦羅

創作者 月光莊——齋藤典子

天婦羅是日本的經典菜色，但一般不會用白蘿蔔來做，之前在沖繩曾經吃過一次類似的感覺很美味，做了一點調整嘗試看看。

〈材料〉4 人份
白蘿蔔 400g，鹽 1/2 小匙。

天婦羅麵衣
低筋麵粉 50g，米穀粉 50g，雞蛋 1 個，泡盛 1 大匙，冷水 180cc，巴西利香料少許。

〈作法〉
1. 先將白蘿蔔的皮削掉，再切成棒狀，撒上鹽靜置 5 分鐘。
2. 待出水後用紙巾把水分吸乾。
3. 麵衣的材料一起混合均勻後，將作法 2 裹上麵衣並用 160～180 度的油炸成金黃色。
4. 炸完後盛盤，並灑上巴西利香料粉。

TIPS

1. 要先把蘿蔔用鹽漬一下才會有味道。

2. 麵糊記得也要做一些調味。

3. 確保炸油的溫度夠高，可以先丟一點麵糊進入看成型狀況。

主廚好友真心話

小西

一開始也有想過要炸，但擔心水分很多，沒想到會成功而且味道還是很夠的。

美虹

很 Juicy 耶，感覺很好，但是不能等，要很快就吃掉，不然口感會軟。

法蘭

沒想到炸的白蘿蔔這麼好吃而且入味，而且麵衣加了很多香料味道很多，口感有層次，也許之後蘿蔔除了撒鹽，也可以加香料或是蒜增添味道。

蘿蔔絲鬆餅佐魚露焦糖醬

創作者　夏至咖啡──曹小西

發想來自車輪餅，然後又想到法式鹹蛋糕，甜甜鹹鹹的結合，自己的咖啡廳下午就是賣鬆餅輕食的，所以從鬆餅出發，是很簡單的在家也能做的料理。與培根的搭配是因為需要香氣，一般中式的都會用香菇和蝦米，這款用培根來引香。搭配魚露焦糖醬的關係也是甜甜鹹鹹的，會有特殊的後韻。

〈材料〉4 人份

蘿蔔絲鬆餅

白蘿蔔絲 120 克，培根 2 片，雞蛋 1 顆，砂糖 15 克，牛奶 60 克，鹽 1/8 小匙，沙拉油 15cc，低筋麵粉 100 克，泡打粉 1/2 小匙，小蘇打粉 1/2 小匙，胡椒粉、奶油適量。

魚露焦糖醬

砂糖 50 克，奶油 25 克，魚露 1 大匙，鮮奶油 75 克。

〈作法〉

蘿蔔絲鬆餅

1. 培根切丁以乾鍋爆香，逼出油脂。
2. 以培根油將白蘿蔔絲炒香炒軟，灑上胡椒粉調味後放涼備用。
3. 雞蛋打散和砂糖攪拌至糖融化，再加入牛奶、沙拉油和鹽。
4. 粉類過篩後拌入，攪拌至沒有結塊即可。
5. 最後加入炒好的白蘿蔔絲，麵糊完成。
6. 平底鍋抹上薄薄的奶油，燒熱後以湯匙倒入麵糊整平，待麵糊冒泡即可翻面，翻面後煎 1 分鐘完成。

魚露焦糖醬

1. 砂糖平舖於鍋中，以中小火煮至糖完全融解，看不出顆粒狀。
2. 糖微冒泡呈淡琥珀色後加入奶油，拌至奶油融化，隨即加入魚露。
3. 迅速倒入鮮奶油，邊煮邊攪拌，稍微濃稠後即可關火。

TIPS

1. 培根不用加油，直接煎香。

2. 蘿蔔絲可以加很多，味道才會明顯。

3. 可以做糊一點，不需要太在意形狀。

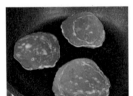

4. 之後可以修邊，疊起來也不明顯。

主廚好友真心話

美虹

蘿蔔絲不見了，也許還是要曬乾，炒過的會沒有味道，這可能也是很多餅都會用曬乾的蘿蔔絲做的原因吧！

法蘭

吃到蘿蔔的後韻和香氣，這樣符合低醣的要求，或是也可以在麵粉裡不加牛奶，而加蘿蔔煮汁，會更有鮮味。然後魚露焦糖醬也太好吃了吧！（笑）

典子

喜歡培根的鹹味和麵皮的甜味交織的感覺，加上魚露焦糖醬，是很棒的大人味。

洋蔥

風味多樣的最佳配角

洋蔥,是一種常見的石蒜科蔥屬植物。

台灣地區的洋蔥可能在明末由西班牙人和荷蘭人引入,但未曾推廣,二戰結束後,農業試驗所引進各品種洋蔥,並在臺灣各地試種。於臺灣南部雲林縣、嘉義縣、臺南市、屏東縣一帶種植成功。

洋蔥的主要食用部位是鱗葉,主要作調味用。
洋蔥含有大蒜素,有很強烈的刺激味道。切洋蔥時,這種味道會刺激人的眼睛和鼻子,使之流淚。
洋蔥有淨化血液的功效,其中的二烯丙基二硫是刺鼻氣味的主要成分,能夠預防血液凝固、有效清血,並降低血液中的膽固醇。

食材補給站 ••

1. 主要產季:12 ~ 4 月,主要產地於屏東的恆春、楓港、車城等地。

2. 如何挑選:

· 外型圓滾,肉質堅硬且札實。

· 表皮充分乾燥紋路多,頂部也是充分乾燥。

· 外側愈綠表示愈嫩,也就是愈辛辣。

3. 如何保存:放在太陽曬不到乾燥的地方。若是冒出芽來,將中心挖除就可以吃了。

Emery 李佳純──儷媛廚藝會所

原本是平凡的家庭主婦，因特別喜愛邀請親友用餐而開啟對料理的興趣，成天在廚房和食譜堆中摸索，也分享在部落格中。

2014 年開始經營咖啡簡餐館，2017 年創立 Madame Lee's Cuisine 儷媛廚藝會所，將自己喜愛的料理設計成套開班授課，也和廚具廠商合作研發專屬食譜，此外，在 2018 年開始與公益團體合作，擔任團體領導者，透過料理陪伴婦女自我成長與療癒。

張凱西──或者風旅

從小愛吃也喜歡看到人們吃東西滿足的表情，因此而走上廚師這條路。

工作之後，於 2013 年前往在義大利佛羅倫斯 Apicius 進修義大利料理，深深喜愛義大利的食物與風味。目前落腳在風城新竹。

酥麻洋蔥海鮮盤

創作者　儷媛廚藝會所——李佳純 Emery

很想用洋蔥做一點清爽開胃的料理，也想吃到 2 種呈現，所以用椒麻醬汁搭配海鮮，可以跳脫椒麻只能配雞的固有印象，也以洋蔥和黃瓜來達成清脆爽口的口感。

〈材料〉5 人份

醬汁

醬油 60g，魚露 30g，醋 30g，檸檬汁 30g，白芝麻油 5g，蒜末 1 大匙，小辣椒末 1 小匙，香菜末適量，花椒粉 1 小匙。

襯底配菜

小黃瓜 2 條，紫洋蔥和白洋蔥各 1/4 顆。

炙燒海鮮

活凍透抽 2～3 尾約 600g，帶尾大蝦仁 10 隻，海鹽少許，胡椒少許，新鮮香菜 1 小把，花生 1 小把，橄欖油少許。

酥炸洋蔥絲

中筋麵粉 1 杯，鹽 1 小匙，蒜粉 1 大匙，紅椒粉 1 小匙，雞蛋一顆，洋蔥半顆。

〈作法〉
醬汁

將材料混合均勻冷藏備用。

襯底配菜

1. 小黃瓜用削皮刀刨成長條片狀冷藏備用。
2. 洋蔥順紋切絲泡冰水備用。

炙燒海鮮

1. 透抽去除內臟墨囊和眼睛，內部劃斜刀切菱格紋切 6 ～ 7 公分大塊。

2. 帶尾大蝦仁去腸泥。
3. 處理好的海鮮料用少許海鹽、胡椒及橄欖油抓醃備用。
4. 平底鍋燒熱，以中火將海鮮兩面炙熟備用。

酥炸洋蔥絲：

1. 中筋麵粉、鹽、蒜粉、紅椒粉混合均勻。
2. 雞蛋攪打均勻。
3. 洋蔥順紋切絲，裹上蛋液入油鍋以中火炸至金黃浮起並傳出香氣即可起鍋將油瀝乾。

組合：

1. 將冰鎮洋蔥絲瀝乾水分和小黃瓜片均勻鋪在盤底。
2. 炙燒好的海鮮擺盤，撒上酥炸洋蔥絲、新鮮香菜和適量熟花生，即可上桌沾著醬汁食用。

TIPS

1. 切洋蔥要斜切，才會一樣的粗。

2. 泡冰水可以減低一些辛辣味。

3. 海鮮務必要擦乾後再烹飪。

4. 海鮮要先抓醃，料理後才會入味有香氣。

主廚好友真心話

炸洋蔥很甜也很開胃，這道菜搭配涼麵或是米線會很合適。

法蘭

也可以下面鋪生菜，做成沙拉。

凱西

椒麻醬很百搭，還可以用生春捲把料包起來後再沾醬吃。

美虹

洋蔥醬櫛瓜義大利麵

創作者　或者風旅——張凱西

想到洋蔥就會想到甜和脆，這次的料理想要呈現甜味，也希望能健康，所以無澱粉，用櫛瓜做義大利麵，再以香煎小洋蔥提升更多層次。

〈材料〉2 人份
洋蔥 1.5 顆，黃櫛瓜 1 根，綠櫛瓜 1 根，橄欖油 4 匙，白酒 50cc，百里香少許，鹽巴、黑胡椒適量，PADANO 起司少許。

裝飾
珍珠洋蔥或堅果碎。

〈作法〉

1. 洋蔥切細絲，櫛瓜片 2mm 薄片切成細條狀如同義大利麵備用
2. 熱平底鍋倒入橄欖油 3 大匙、洋蔥絲、百里香，蓋上鍋蓋小火煮到洋蔥透明軟透。
3. 取出百里香倒入白酒，煮到酒氣散發，加入鹽巴和胡椒調味。
4. 加櫛瓜到鍋中轉中火，煮到櫛瓜微軟後加入起司即可。
5. 珍珠洋蔥起另一鍋後，用橄欖油煎到透明即可。
6. 盛盤時將櫛瓜如同義大利麵捲起，撒上珍珠洋蔥即可。

TIPS

1. 洋蔥用慢火炒不要焦化變色，炒到變半透明變甜。

2. 櫛瓜要快炒免得軟掉。

3. 珍珠洋蔥建議直接香煎即可。

4. 和義大利麵一樣，起鍋前加上起司更香濃。

主廚好友真心話

洋蔥和櫛瓜混在一起很好，加點堅果會更出跳。

美虹

感覺很甜，但可以加一點芥末或是炸物，口感比較不會疲乏。

法蘭

可以加更多的濃起司，搭配起來會很有特色。

Emery

油漬洋蔥醬

創作者 美虹廚房——朱美虹

感覺洋蔥是百搭的，這個醬汁除了希望保留洋蔥的脆和甜，也希望可以調成各種味道做各種變化。

〈材料〉200ccX2 瓶

醬汁

洋蔥 1 顆，沙拉油適量，橄欖油適量，鹽適量，醬油適量。

百變

皮蛋 1 顆，豆腐 1 塊，蝦米少許，榨菜少許，牛番茄 1 顆，辣椒 1 段，鹽少許，生洋蔥 1/8 個。

〈作法〉

醬汁

1. 先將洋蔥切成小細丁，分成 2 份，分別裝在 2 個可以密封的容器中。
2. 一份的洋蔥倒入沙拉油蓋過洋蔥後再多一些油。
3. 另一份的洋蔥也倒入橄欖油蓋過洋蔥一樣再多一點。
4. 作法 2 與 3 一起封蓋之後，放冰箱可保存 1 週左右。
5. 建議使用時再做調味，可以依喜好調醬油或鹽口味。
6. 中式菜色可以使用沙拉油漬洋蔥；西式菜色可用橄欖油漬洋蔥來調味。

百變

1. 將皮蛋切半，沙拉油洋蔥醬加上辣椒和鹽調味，淋在皮蛋上。
2. 將大番茄切塊，生洋蔥切條，淋上加鹽調味的橄欖油洋蔥醬。
3. 將蝦米和榨菜切碎放在板豆腐上，沙拉油洋蔥醬以少許醬油調味，淋在板豆腐上。

TIPS

1. 洋蔥可以切細一點，口感比較細緻。
2. 洋蔥醬是基底，可以加醬油或是其他調味。
3. 皮蛋可以用線切開。
4. 形狀比較漂亮。

主廚好友真心話

這個洋蔥醬真的什麼都可以做，炒蝦仁、沾燙豬肉片，甚至搭配燙青菜也很合適。

法蘭

我會想再加一點辣椒進去。

凱西

可以搭配肉類會去膩。

Emery

雙色洋蔥
烤雞腿

創作者　找找私廚——史法蘭

大家想到洋蔥都會想到脆和甜，這道菜就是用醋漬和醬汁來保留了洋蔥的這 2 種特色。

〈材料〉2 人份

放山雞腿 1 隻，紫色洋蔥 1 個，白色洋蔥 1 個，紅黃椒 2 小片，蘋果醋 2 大匙，糖 2 大匙，鹽少許，綜合香料少許，芥末籽 1 小匙，鮮奶油 1 小匙。

〈作法〉

1. 雞腿抹鹽和香料，靜置 1 夜。
2. 蘋果醋和糖混合均勻，白洋蔥半個和紫洋蔥 1 個切絲，紅黃椒切絲放進醬汁內靜置 1 夜。
3. 剩下的半個白洋蔥切絲，炒軟，用調理機打成醬汁，再以小火加熱，放入鮮奶油和鹽調味乳化，最後加入芥末籽。
4. 烤箱預熱 180 度，雞腿不加油烤 40 分鐘，拿出來切成塊，若是有肉汁，可以加入到洋蔥醬中。
5. 洋蔥醬鋪底，放上雞腿和醃漬洋蔥，最後以綠葉裝飾。

TIPS

  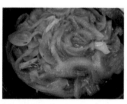 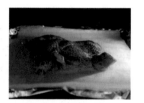

1. 兩色洋蔥切成一樣大小的細絲。
2. 選擇紅黃椒是希望有脆的口感和顏色。
3. 做醬汁的洋蔥要炒的很軟。
4. 雞腿不加油烤可以烤出脆皮，放山雞的油脂也很夠。

主廚好友真心話

可以考慮用洋蔥醬醃雞，裡應外合。

美虹

醬汁的味道可以更鹹一點。

凱西

如果把生辣椒切絲一起醃洋蔥，會更有層次。

Emery

胡蘿蔔

生食熟食風味大不同

原產於亞洲的西南部，栽培歷史在兩
入西班牙，10 世紀時西亞人、印
紫色的，現代的胡蘿蔔也在 10
太學者西蒙‧恩斯的記載中已
16 世紀傳入美洲。

千年以上。公元 8 世紀由摩爾人引
度人和歐洲人食用的胡蘿蔔是
世紀出現於阿富汗。11 世紀猶
經出現紅色和黃色的胡蘿蔔。

約在 13 世紀，胡蘿蔔從伊朗引
根據李時珍《本草綱目》的記載，
故名「胡蘿蔔」。中國的胡蘿蔔
省分種植最多。台灣大約在民國
至今。

入中國，發展成中國生態型，
因為從胡地傳來，味道像蘿蔔，
以山東、河南、浙江、雲南等
前 16 年自日本引入胡蘿蔔種植

胡蘿蔔有含量很高的纖維素及硒元
化合物、維他命、維他命 B1、維
胡蘿蔔素等，同時也含有鈣、磷、
物質。

素，並富含蛋白質、脂肪、碳水
他命 B2、維他命 B6、維他命 C、
鐵、鉀、鈉、菸鹼酸及草酸等礦

人們一般食用其肉質根，有時也食
食及熟吃，其富含的維他命 A 為脂溶
以熟食，也可加工成塊、丁、絲同其
種常見的胡蘿蔔加工製成品，還可醃
主要來自於烯類物質。

用胡蘿蔔葉。胡蘿蔔根可以直接生
性，在體內很容易吸收，但建議多
他食材一同烹飪。胡蘿蔔汁也是一
制、醬漬、制干或作飼料。其風味

食材補給站

1. 主要產季： 12 ～ 4 月，全臺各地均有栽植，主要在中南部。

2. 如何挑選：心小而且在正中央，頭寬尾細，鬚根痕跡等距，切開後越往中心顏色越深。

3. 如何保存：用報紙包覆常溫 1 ～ 2 天，若要更久要放冷藏。如果帶著泥土可以保存更久。

陳華蕙──包心菜實驗廚房

19 歲開始，在世界各個角落流連忘返近 10 年。
往後 12 年間，開了 6 家餐廳，包含充滿理想性的
包心菜實驗廚房。

在生命的追尋和商業的現實裡，被餵養地更加完
整圓融飽滿，於是決定放下所有。

學習謙卑的與大自然蔬果為伍，成為一位純素主
義者，並且用不急不徐的方式推廣純素的美好，
終身以此為樂。

Lisa──尋味獵人

致力於友善土地、復甦台灣在地食材的生態料理
家。長年與台灣小農一起愛護耕耘土地，上山下
海尋找充滿土地能量的優質食材，並擅長利用大
自然中的微生物作用及時間的醞釀，製作健康的
發酵食。期許透過手作課程的分享，串連起美好
的食材與健康的餐桌，宣導在生活中實踐關懷生
態、愛護土地的美好願景。

糖醋漬紅蘿蔔
拌鹽麴豆腐起士

創作者　美虹廚房——朱美虹

常常會吃到用馬鈴薯、胡蘿蔔和蛋做的沙拉，如果不用蛋，用鹽麴和豆腐做起士，來做沙拉的醬，和糖醋胡蘿蔔搭配感覺應該很合。

〈材料〉4 人份
鹽麴 2 大匙，板豆腐 1 塊，紅蘿蔔 1 條，馬鈴薯半顆，蘆筍 200 克，冰糖、糯米醋、生菜、蜂蜜少許，昆布 1 小片。

〈作法〉
1. 先用鹽麴拌入板豆腐中放置冷藏庫 3～4 天製作豆腐起士（1 塊板豆腐約拌入 1.5～2 大匙的鹽麴）。
2. 取 3/4 條紅蘿蔔挖成球狀先蒸熟放涼，再放入調好的糖醋汁中，置冰箱冷藏醃漬 3 天（米醋：糖 =4：1 外加昆布 1 小片）。
3. 再將馬鈴薯、剩下的 1/4 條紅蘿蔔、蘆筍切丁煮熟放涼，蘋果切丁過鹽水瀝乾備用。
4. 將作法 1 加入作法 3，再加少許蜂蜜拌勻。
5. 裝盤與生菜及糖醋漬紅蘿蔔球一起享用。

TIPS

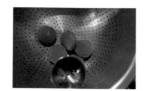

1. 挖球器可以善用。

2. 各種根莖類都可以拿來做。

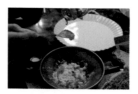

3. 加一點蜂蜜味道會比較柔和。

主廚好友真心話

華蕙

糖醋的胡蘿蔔直接拌在裡面會更有層次感，或是加入西洋芹也會很有口感。

Lisa

這個感覺可以夾三明治，會非常爽口。

法蘭

感覺可以更酸一點，也可以加一點堅果。

發酵胡蘿蔔冷湯

創作者 尋味獵人—— Lisa

很想凸顯益生菌的存在，是另一個胡蘿蔔的作法，會加堅果奶、腰果等，也會加薑黃去中和氣性。

〈材料〉5～6 人份

乳酸菌發酵胡蘿蔔半杯，蒸熟的胡蘿蔔小型一條，堅果酸奶或是優格 100cc，新鮮胡蘿蔔汁 300cc，新鮮柳橙汁 100cc，腰果 100克（泡水一夜瀝乾），香菜籽 / 芫荽葉適量，Tabasco 適量，白胡椒粉一小匙，豆腐乳一小匙，初榨橄欖油一小匙，薑黃粉及乾燥香料少許，乳酸菌泡菜汁少許。

〈作法〉

乳酸菌發酵胡蘿蔔

1. 胡蘿蔔切絲。
2. 用胡蘿蔔重量 1.5～2% 的粗鹽巴抓揉 5 分鐘，讓胡蘿蔔出水。
3. 準備一個消毒過後的玻璃罐子，把出水的胡蘿蔔絲放進瓶子中即可。

冷湯

將上述所有材料全部放入果汁機中，攪打至均勻綿細即可。食用前淋上少許初榨橄欖油即完成。

TIPS

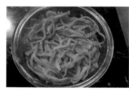 

1. 會看到發酵的泡泡，胡蘿蔔絲也已軟化。

2. 堅果奶的加入會讓口感柔和。

主廚好友真心話

感覺腰果抽掉會更清爽一點。

華蕙

喝的時候可以加冰塊，喝出不同的層次。

美虹

可以當作是醬汁使用，熱的應該也好喝，雖然沒有乳酸菌（笑）。

法蘭

胡蘿蔔煎餅佐胡蘿蔔雙醬

創作者 找找私廚——史法蘭

很多孩子不喜歡吃胡蘿蔔,其實新鮮的胡蘿蔔有很讓人無法抗拒的甜味,很想創作一道料理讓孩子愛上胡蘿蔔。

〈材料〉5 人份

胡蘿蔔 2 條,馬鈴薯 1 個,板豆腐 1/2 塊,蛋 1 顆,鳳梨 1/4 顆,芹菜葉子 1 小把,太白粉 1 大匙,鹽和胡椒適量,橄欖油 3 大匙。

〈作法〉

胡蘿蔔鳳梨醬汁

1. 將半條胡蘿蔔切丁汆燙 5 分鐘即拿起沖涼瀝乾。
2. 鳳梨切小丁,與胡蘿蔔丁放在食物調理機裡打成醬汁。
3. 加上橄欖油和胡椒、鹽調味。

胡蘿蔔豆腐醬

1. 將半條胡蘿蔔切丁汆燙 5 分鐘即拿起沖涼瀝乾。
2. 豆腐瀝乾水分，與胡蘿蔔丁放在食物調理機裡打成醬汁。
3. 加上橄欖油和胡椒鹽調味。

胡蘿蔔煎餅

1. 胡蘿蔔和馬鈴薯刨絲，加上蛋和切碎的芹菜葉，再加上太白粉拌勻。
2. 起鍋，加橄欖油，將胡蘿蔔煎餅糊成團放入，等形狀固定有點焦色再翻面。

TIPS

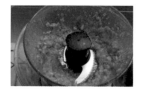

1. 胡蘿蔔要先汆燙才會引出甜味，也會更好打成醬。

2. 加太白粉協助固形。

3. 要煎到有點焦黃，口味更容易受到孩子的喜愛。

主廚好友真心話

如果把 2 個醬混在一起也很好，感覺很creamy。

華蕙

鳳梨胡蘿蔔醬會很吸引小孩，可以變成主角，當作麵包的沾醬。

Lisa

豆腐和煎餅很搭，煎餅的部分如果胡蘿蔔切小丁也許會更有口感。

美虹

胡蘿蔔糙米鬆糕

創作者　包心菜實驗廚房——陳華蕙

用純糙米粉取代麵粉，無蛋無奶無麩質，大量胡蘿蔔、果乾、胡桃、香料。再淋上檸檬豆漿優格奶霜，是層層堆疊的味覺冒險，連孩子也願意大口吃下胡蘿蔔！

〈**材料**〉6 吋

蛋糕

A 新鮮胡蘿蔔切超細絲 100 克，胡桃烤脆 60 克，蘭姆酒 40 克泡蔓越莓 60 克。

B 亞麻仁粉或奇亞籽 8 克，無糖豆漿 100 克，橄欖油 60 克。

C 糙米粉 100 克，杏仁粉 20 克，肉桂粉、丁香粉、肉豆蔻適量，泡打粉 4 克，海鹽適量，椰花糖蜜 30 克。

檸檬豆漿優格奶霜

豆漿優格 100 克，有機椰子油 20 克，原色冰糖 20 克，新鮮檸檬汁 6 克。

薑味糖漬小胡蘿蔔

小胡蘿蔔少許，水、老薑、蔗糖、橄欖油適量。

〈作法〉

蛋糕

1. 材料 B 全部加在一起，用打蛋器打至均勻乳化。
2. 材料 C 全部拌勻。
3. 將作法 1 和 2 混合均勻後，拌入材料 A，再填入模型，預熱 180 度的烤箱烤 25～30 分鐘。

檸檬豆漿優格奶霜

將豆漿優格瀝乾水分，加入其他材料，打到綿密即可。

薑味糖漬小胡蘿蔔

全部材料以小火熬煮 40～50 分鐘，醬汁變濃稠即可。

TIPS

1. 用打蛋器才能打均勻，不要用筷子。

2. 奶霜的使用和鮮奶油一樣。

3. 小蘿蔔要用小火慢煮，才不會煮焦，才會入味中心熟透。

主廚好友真心話

法蘭

蛋糕把纖維留下來感覺很健康，表面除了小胡蘿蔔，感覺柑橘類的水果也很適合。

Lisa

可以吃到每一種食材的味道。

美虹

風味非常豐富，感覺不加香料也很可以。

大番茄

營養又好吃的酸甜滋味

番茄，是茄科番茄屬的一種植物。原產於中美洲和南美洲， 是 1、2 年生的草本植物，英名 Tomato，是世界重要果菜之一。番茄好吃又營養，是世界上最為流行的蔬菜。

台灣的大番茄品種， 除了傳統「黑柿」型大果番茄外，並先後引進粉色系的「桃太郎」、紅色的「牛番茄」等。

「番茄紅了，醫生的臉綠了」， 這是大家常在媒體、網路報導中看到的一句話。它的原意是指番茄有很好的營養，吃了番茄後就沒有健康的問題，也不用找醫生看病。

番茄果實是肉質漿果，富含多種營養成分。100 公克果實中，水分 94.5公克，總碳水化合物含量 4.1 公克，其中包括膳食纖維 1.0公克，其他成分有礦物質、維生素 B 群、維生素 C、維生素E、維生素 A 等，特別是 β 胡蘿蔔素、茄紅素等保健成分。

在 2002 年美國《時代雜誌》便把番茄列在十大保健食品之首。但是茄紅素有別於其他營養成分，生吃番茄所吸收的茄紅素遠不及食用煮過或加工過的番茄，因為茄紅素是脂溶性，加上烹煮過程中高溫或破碎番茄都可促進茄紅素的釋放。

食材補給站

1. 台灣主要產季：11 ～ 6 月，主要產地為嘉義、台南、高雄。

2. 如何挑選：尾端紋路多而輪廓分明，外型呈圓形，蒂頭置中，拿起來感覺沉甸甸的。

3. 如何保存：採收後會再追熟，若幾天內吃放室溫陰涼處保存，若沒吃再放冰箱。

4. 料理方法：生食，炒食，燉煮，做成番茄泥等。上市期的番茄皮會比較薄，建議都是縱切方式料理食用，等到外皮增厚，則建議改採橫切或是汆燙剝皮使用。

子軒／一簞食

宜蘭人，2 個女孩的媽媽，蔬食者。返回家鄉的村子深溝後，順應時節與自己的生活步調，運用在地友善蔬果香料醃漬物等，製作各種蔬食餐點，希望能透過料理，介紹村子豐富的樣貌及鄉村味。近期的目標則是想好好認識一下村子裡的微生物，一邊育兒一邊發酵。

目前與先生在深溝村經營「一簞食蔬食 x 生活」，朝著「簡單、健康、樸實」的理念不斷前進，樸實的英文 sincere 也有真誠的意思，一道料理的供應源及烹飪家，都能以真誠的心將四季料理呈現在大家的餐桌上。

張家羽／鹿野苑

宜蘭鹿野苑蔬食餐廳主廚兼創辦人之一。

餐廳主要提供中式、義式等蛋奶素、全素蔬食餐點，食材長期與宜蘭在地小農配合，選用當季友善耕作新鮮食材，創作口味新穎，兼具傳統風格的蔬食料理。

番茄穀物塔

創作者——一簞食——子軒

當初因為小孩子會過敏，不能吃奶蛋，但又不希望她覺得自己很可憐，所以開發了無蛋奶的點心，這個派皮很營養，而且口感一點都不輸平時吃的派皮。一般都會覺得番茄是多汁的配角，但在這道菜裡，變成了主角，無論是視覺或是口感，和塔皮搭配起來，都是很有層次的。

〈材料〉9 英吋菊花烤盤

番茄及其他材料

中型番茄 3 ～ 4 顆約 600g（建議使用薄皮品種），羅勒適量，橄欖油適量，黑胡椒少許。

塔皮

浸泡過的葵瓜子（不含浸泡水）80g，燕麥 30g，鹽 5g，米穀粉 30g，全麥麵粉 80g，鹽 3g，芥花籽油 50g，水（分次加入）30g。

鷹嘴豆泥餡料

煮熟的鷹嘴豆 200g，過濾水 35ml，檸檬汁 5g，芝麻醬一大匙，冷壓橄欖油一大匙，黑胡椒適量，鹽 4g。

〈作法〉

製作塔皮

1. 將浸泡過的葵瓜子、燕麥、米穀粉、一半的全麥麵粉、鹽、芥花籽油，加入食物處理機，打約 20 秒，保留葵瓜子和燕麥的一點顆粒感。

2. 作法 1 倒入盆中混合剩下的材料，水的分量則視各品牌米穀粉的吸水量分次倒入。

3. 混合過程避免揉麵團以免出筋，用手指或叉子搓散再抓攏成團，麵團有點濕潤度但不黏手，這時可捏一小球在手掌，輕輕壓扁麵團不會散開就是好了。

4. 麵團完成後，盡快鋪在刷過油（份量外）的烤盤上，用叉子在塔皮上戳幾個洞，避免烘烤時膨脹。以烤箱 180 度，烤 10 分鐘定型，烤爐取出後先不脫模，直接放涼備用。

製作餡料

將鷹嘴豆泥餡料的全部食材放入食物處理機，打成泥狀但要保留些微顆粒口感後，倒出備用。

組裝食材

1. 番茄切片 1cm 厚放置平盤上，均勻灑上鹽，靜置 15 分鐘讓番茄出水，用紙巾將水分稍微擦乾。

2. 塔皮放涼後，塗上鷹嘴豆泥餡料，再交疊鋪上作法 1 的番茄片，以烤箱 170 度，烘烤 25 分鐘，出爐後等稍微冷卻再脫模，裝飾上羅勒葉與黑胡椒，最後淋上冷壓橄欖油，即可切片熱食享用。

TIPS

1. 鷹嘴豆與葵瓜子皆經過 2 道浸泡，第 1 道 3～5 小時，清洗瀝乾後再用過濾水浸泡 6～12 小時，浸泡後的葵瓜子可直接使用，鷹嘴豆則可使用慢煮鍋或壓力鍋煮至鬆軟。

2. 製作塔皮時使用的燕麥及米穀粉，非常容易吸水，成團及壓塔皮過程需盡快完成，以免麵團變乾，變乾的麵團如果再加太多水，烘烤時容易收縮脆裂。

主廚好友真心話

很健康，也可以嘗試用一半生番茄，一半烤番茄會更有層次。

法蘭

如果可以吃五辛，感覺加一點蒜頭，洋蔥，孜然會更好。

子軒

鷹嘴豆泥裡面如果也加一點荳蔻，也不錯喔。

家羽

創作者　鹿野苑——張家羽

爽口番茄凍

之前在高雄旗津的時候，天氣炎熱，吃過薑泥醬油膏切片番茄，覺得很難忘，在番茄產季的末端，天氣會逐漸變暖，所以想創作一道清爽的菜。

〈材料〉2 人份
宜蘭大番茄 2 顆，薑適量，吉利丁 12g，水 300cc。

調味料
醬油 2 大匙，糖 2 大匙，水 3 大匙，甘草 3 片。

〈作法〉
1. 滾水番茄去皮，薑磨成泥。
2. 番茄去籽放小碗備用，果肉切片放置模具中。
3. 取水加入吉利丁放入番茄籽，煮滾。
4. 倒入模具中，冷藏。
5. 調味料醬汁混合均勻，需要隔夜，這樣會更入味。
6. 脫模番茄凍，旁邊裝飾調味醬料和薑泥。

TIPS

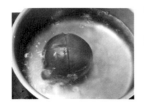

1. 番茄底部劃十字。

2. 滾水裡 2 分鐘就可以
輕易地撕下番茄皮。

3. 蕃茄籽要單獨拿出來
做果凍。

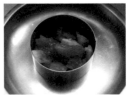

4. 模具使用圓圈模。

主廚好友真心話

美虹

這是中西結合的前菜,因為有薑的關係,所以即使冬天吃也不會覺得太冷。

子軒

感覺這個醬汁可以加點梅汁,或是一些脆梅肉,會是另一種風味。

法蘭

這道菜一定要冰的才好吃,除了番茄,感覺也能嘗試其他的蔬菜;例如黃瓜或彩椒,或加入紫蘇也不錯,然後我個人覺得帶點酸味會更解膩。

番茄桑葚冷湯

創作者 美虹廚房──朱美虹

當番茄大量生產的時候，就會想要快速的消耗，同時也會希望可以嘗試清爽一點的湯品，所以嘗試做冷湯。一般冷湯會煮過冰鎮，這道的作法更像是調味的番茄汁，做起來比較省時，加上莫札瑞拉起士，增添一點配色，也提升濃郁的口感。

〈材料〉2 人份
桃太郎番茄 3 顆，綜合香草適量，莫札瑞拉起士 1 小球，熟成黑桑椹 10 顆，鹽、蜂蜜、黑胡椒、橄欖油適量。

〈作法〉
1. 先將番茄與桑椹放在塑膠袋中搓揉至軟爛。
2. 再將作法 1 用細目網篩過濾，並用鹽、蜂蜜、黑胡椒、橄欖油調味。
3. 盛盤後加入用橄欖油與綜合香草醃漬過的莫札瑞拉起士，並加入薄荷葉裝飾即完成。

TIPS

番茄加入桑椹可以增加色澤，酸味
可帶出番茄的甜味且不強搶味。

主廚好友真心話

家羽

感覺可以加入
一點芹菜，但
就需要煮過再
放冷比較不會
有菜味。

子軒

有起士感覺很完整，
如果加上是煙燻的起
士，味道也會很合。

法蘭

因為沒有煮過，更
像是果汁，起士和
薄荷有提味的效果，
感覺是小份量的開
胃小飲。

番茄司康

創作者　找找私廚——史法蘭

大番茄很清香，但總覺得有一點單調，所以習慣大小番茄一起料理，酸度甜度會更有層次感。我很喜歡嘗試各種不同的司康做法，尤其是鹹口味的，這次就用番茄來挑戰。

〈材料〉直徑 10 公分的約 10 個

司康

低筋麵粉 280g，泡打粉 1 大匙，細砂糖 20g，有鹽奶油 60g，鹽 1 大匙，蛋黃 2 個，鮮奶 50ml，大番茄壓成過濾的汁 50ml，義式綜合香料適量。

油漬番茄

小番茄 20 個，橄欖油適量，義式綜合香料適量。

〈作法〉

油漬番茄

番茄切對半，淋上橄欖油和香料，150 度烤箱烤 1.5 ～ 2 個小時。

司康

1. 過篩後的低筋麵粉、泡打粉、細砂糖、鹽、香料放在檯面，擺上有鹽奶油，用刮板將奶油切成小塊，一邊和粉類翻拌，直到成為麵包粉狀。
2. 用雙手將作法 1 的材料輕輕揉搓，使其成為乾粉狀態。
3. 將蛋黃、鮮奶、番茄汁一起放入碗中，攪拌均勻。
4. 把作法 2 的粉圈出一個圓形凹狀，將作法 3 的液體倒入凹狀，由內部開始攪拌混合在一起。
5. 混勻之後一面揉一面把麵團集結成塊，成為工整的一大塊。
6. 將麵團切成小塊，中間融入油漬番茄，整形，上面加上完整的油漬番茄，表面塗一點牛奶，放入 180 度烤箱烤 15 分鐘即可。

TIPS

1. 做司康的番茄汁可以留果肉會比較有口感。

2. 奶油要使用的時候再從冰箱拿出來，如果是軟軟的形狀就無法將麵團做好。

3. 油漬番茄可以常備，是很百搭的食材。

主廚好友真心話

家羽

這個司康的口感比一般的濕潤，可能是因為有油漬番茄加在裡面，不需要抹醬可以單獨吃。

美虹

可以把油漬番茄加上一點 cream cheese 做成醬汁。

子軒

還可以做延展的變化，像是加上醬汁和生菜芝麻葉等，搭配著一起吃。

地瓜

物美價廉的優質澱粉

地瓜，為旋花科番薯屬的一種，是常見的多年生雙子葉植物，皮色發白或發紅，肉大多為黃白色，但也有紫色，除供食用外，還可以製糖和釀酒、製酒精。原生長於美洲的熱帶地區，最先由印第安人人工種植成功，抗病蟲害強，對土壤品質要求較低，栽培容易。台灣據載約在十七世紀初，明末荷蘭佔領時期，由中國大陸福建引進栽培。

地瓜的營養成分相當豐富，對人體保健功能裨益甚大，除了含有與穀類作物等量的澱粉外，並含有蛋白質、脂肪及植物性纖維、維生素 A1、B1、B2、C 和礦物質中之鐵、鈣等多種營養元素。

其中尤以甘藷塊根纖維素含量佔 40%，可吸附大量的水份，在消化管內不易被消化，因而吃甘藷食物可達到預防便秘，促進排泄的神奇效果。

另外食用甘藷目前亦被視為一種生理鹼性食品，熱量並不高，可中和一些生理酸性的食物，調整人體代謝機能，堪稱為現代物美價廉的保健食品。

食材補給站 ●●

1. 主要產季：台灣全年都有，主要產地在新北市、桃園、雲林、台中、彰化、南投、台南、花蓮等。
2. 如何挑選：飽實沉重，表面顏色鮮艷，鬚根痕跡多，均等的呈現一直線排列，如果果軸分泌出糖蜜，代表已經成熟，甜味倍增。
3. 如何保存：如果是帶泥巴，直接保存，如果是清洗過後，用報紙包起來常溫保存。
4. 如何料理：水煮、蒸、烤、炸等。
5. 注意事項：地瓜切面一接觸到空氣就會變黑，所以要立刻泡水，想要引出甜味，就要慢慢地用低溫加熱帶出來。

About Chef
客座廚師大公開

料理會舉辦場地：台南朵貓貓

Dora——朵貓貓

曾是廣告人、也是甜點師、料理達人，更是一位生活寫真能手，喜歡攝影美學創作、研究節令食材、烹飪烘焙，曾至東京 LE CORDON BLEU 藍帶廚藝學院學習甜點、烘焙。

2018 移居台南成立朵貓貓 L'atelier de Dora，甜點 · 烘焙 · 廚藝 · 手作 · 展覽的「創意實驗工作室」。

熱愛勾勒生活中每一個畫面，透過分享讓人們相聚，感受長桌上的熱情溫度、人與土地間的關係、領略四季變化的美好！

林太——林太做什麼

土生土長的台南人，標準的雙子座，興趣非常多變，喜歡邊做菜邊喝酒邊聽音樂，喜歡爬山、唱歌、交朋友、拍照、拈花惹草，是一個開心的料理自學者。著有：《林太做什麼：世界真情真不過對食物的愛》。

創作者　林太做什麼——林太

番茄肉醬地瓜千層

台南人喜歡酸甜的滋味，地瓜是甜的，番茄是酸的，搭配起來就是熟悉的味道，現在流行吃健康的醣類取代澱粉，所以用地瓜取代義大利麵，做這道番茄肉醬地瓜千層。

〈材料〉4 人份

地瓜 400 克切片蒸熟，培根兩條切細，洋蔥半顆切碎，細絞肉 300 克，去皮蕃茄罐頭一罐 400 克，蕃茄糊 2 大匙，鹽巴 1/2 小匙，帕瑪森起司 30 克，馬札瑞拉起司 200 克。

〈作法〉

1. 把地瓜削成薄片。
2. 然後把地瓜片放到電鍋裡略為蒸熟，外鍋半杯水。
3. 乾煎培根出油後加入豬絞肉炒到 8 分熟，加入洋蔥、番茄丁罐頭、番茄糊、鹽巴，燉煮 20 分鐘即可。
4. 烤箱 180 度預熱 10 分鐘，取一個烤盤，一層肉醬、一層地瓜依序鋪好，最上層撒上起司，180 度烤 10 ～ 15 分鐘即可。

TIPS

1. 地瓜要削成薄片口感
才會均勻。

2. 一層地瓜一層肉醬。

3. 起司要鋪得滿滿的。

4. 烤到金黃色後再拿出
烤箱。

主廚好友真心話

朵拉

如果中間也可以夾一層起
司，會牽絲更香濃。

法蘭

這是小朋友會很喜歡
的味道，如果搭配海
鮮好像也很合適。

辣味海鮮
地瓜乾拌麵

創作者　找找私廚——史法蘭

一直覺得甜味跟辣味是絕妙的搭配，所以想到地瓜的甜，就想要跟辣椒粉合起來試試，法國菜裡常會用根莖類做醬汁，這次做得比較有東方口味拿來拌麵，與台南在地的火燒蝦仁，盛產的油菜花搭配，應該是一個有趣的嘗試。

〈材料〉2 人份

地瓜 1 條，辣椒粉適量，雞高湯 2 大匙，麵條 2 人份，花枝 1/2 條，台南火蝦仁 10 個，醬油適量，鹽適量，油菜花 1 小把。

〈作法〉

1. 把火蝦仁和花枝炒熟。
2. 地瓜蒸熟後打成泥，和高湯混和均勻加熱，再用醬油、辣椒粉、鹽調味。
3. 油菜花輕燙一下，放入冰塊水冰鎮瀝乾後備用。
4. 麵條煮熟，加入海鮮、辣地瓜醬汁和油菜花，拌勻即可享用。

TIPS

1. 油菜花不要燙太久，燙完立刻放進冰塊水裡，才能保持顏色和脆度。
2. 海鮮要分開炒，因為需要熟的程度不一樣。
3. 地瓜要用蒸的才不會水分過多。

主廚好友真心話

法蘭

沒想到這個醬汁會有堅果的味道呢！下次也許試試看蜜地瓜或是烤地瓜，甜味會更明顯。

朵拉

感覺烏龍麵體會更合適，也可以做沾醬。

美虹

或是做涼麵的概念，另外加點水果的味道應該也會不錯。

林太

可以加一點蜂蜜增添風味，感覺拿去烤玉米蠻好的，玉米的甜和辣會有不同的回應。

水果地瓜球

創作者　美虹廚房——朱美虹

中間是酸酸甜甜的水果，就像少女心的滋味，外面用地瓜刺蝟來保護，雖然地瓜很在地，但也可以有很多變化的，延展性很大，在這個季節如果有酸甜感應該會很清爽，在口感上又有衝突，可以表現地瓜的多元性。

〈材料〉2 人份
台農 57 號地瓜泥 300 克，鮮奶油 20cc，糖 2 小匙，鹽少許，紫地瓜半顆，當令水果（有酸味較佳如草莓，奇異果），全蛋一顆，沙拉油（油炸用）。

〈作法〉
內餡
1. 將地瓜泥加上鮮奶油、糖、鹽，用小火加熱拌勻後放涼備用。
2. 待作法 1 冷卻後分成 6 等份，並將當令水果包裹在中間，即為內餡。

外皮

3. 先將紫地瓜刨絲，泡鹽水 20 分鐘後再瀝
   乾備用。
4. 把蛋打勻，並將完成的內餡外層沾上蛋液
   並滾上作法 3 的紫地瓜絲。
5. 最後再以油溫 180 度炸過，使外層的地瓜
   絲變脆即可。

TIPS

1. 可以用不同品種的地
   瓜才會有不同顏色。

2. 用地瓜泥包水果才會
   有層次。

3. 炸地瓜球的時候可以用湯杓輔助成型。

主廚好友真心話

朵拉

感覺中間的水果如
果換成無子青葡萄
或是奇異果會很合
適，一定要用酸的
水果，熟了之後會
有不同的香氣。

林太

也可以試試
鳳梨丁，或
當季的酸味
水果如蘋果
之類的。

法蘭

如果在水果和
地瓜中間加上
一點麻糬或是
堅果，會有新
的口感呈現。

麻辣花生核桃地瓜酥條

創作者　朵貓貓——朵拉

大家都會覺得地瓜很在地,但就會很想拿來和西式的甜點做結合,脆餅一般是放果乾和堅果,如果換成蜜地瓜也會有很棒的口感,另外地瓜泥也能取代一部分的麵粉,變成優質澱粉,至於為什麼加麻辣花生,因為在家鄉基隆,吃過蜜地瓜加花生粉,覺得是絕配,如果加上辣味的花生口味就比較成人。

〈材料〉16-20 條
蜜地瓜
地瓜切條狀 600 克,砂糖 250 克,麥芽糖 50 克,檸檬半顆切片。

地瓜泥
地瓜 6 條(去皮)。

麻辣花生核桃地瓜酥條材料
地瓜泥 60 克,蜜地瓜 70 克,麻辣花生 60 克,核桃碎 50 克(預先烘烤過),常溫無鹽奶油 60 克,砂糖 35 克,黑糖 30 克,雞蛋 75 克,低筋麵粉 155 克,泡打粉 4 克,鹽 1 克,花生粉少許。

〈作法〉

地瓜泥

1. 地瓜去掉頭尾粗纖維，削去 2 層皮放入冷水中浸泡（去除澱粉並防止氧化發黑）。

2. 先取地瓜中心切成約 2 公分條狀（約 600 克），其餘地瓜邊角隨便切片放入電鍋蒸熟，熱熱時用大叉子壓成泥，就是地瓜泥。

蜜地瓜

3. 糖煮成焦糖加入麥芽糖（手沾濕直接抓麥芽糖）熬煮，熬煮時不需用工具攪拌。

4. 放入地瓜條，並加入檸檬片增添果香味，蓋上鍋蓋小火慢熬約 30 分鐘左右，讓地瓜均勻上色而且變軟 Q 即可。

5. 瀝乾焦糖就是蜜地瓜塊。

麻辣花生核桃地瓜酥條

6. 先將奶油放室溫軟化用打蛋器攪拌，分 2 次倒入砂糖、黑糖，再一直攪拌至呈現滑順狀。

7. 雞蛋先打散，分 3 次倒入作法 6，再用打蛋器攪拌至完全融合，粉類材料過篩後加入，再加鹽並充分拌勻，最後再加入地瓜泥拌勻。

8. 將蜜地瓜塊、麻辣花生、烘烤過後放涼的核桃，全都倒入作法 7 拌均勻。

9. 麵團整成 2 公分厚的長方形，放烘焙紙上蓋上保鮮膜進冷藏靜置 1 小時，取出後灑上花生粉就可以進烤箱了。

10. 烤箱以 170 度預熱，烤 15 ～ 20 分鐘。

11. 趁烤好脆餅還溫溫時，用麵包刀慢慢切 2 公分片狀，切好後再平放入烤箱，再烤 15 ～ 20 分鐘就完成。

TIPS

 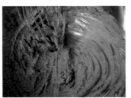  

1. 作法 7 要打成這樣才能加入粉類材料。

2. 要趁熱切會比較好切。

主廚好友真心話

美虹

這個感覺很健康，因為奶油比較少，有不同的口感。

法蘭

吃起來會一口接一口耶！除了花生，加其他堅果應該也可以，例如腰果，或是用香料如迷迭香來取代麻辣味，這樣老人和小孩更能接受。

蔥
中式料理的最佳綠葉

別名青蔥、大蔥，多年生草本植物，葉子圓呈青色。筒形，中間空，脆弱易折，

在東亞國家以及各處亞裔地區中，蔥常作品或蔬菜食用，在東方烹調中佔有重要的為一種很普遍的香料調味角色。

大蔥含有鈣、維生素 C、β 胡蘿蔔素、膳食纖維等營養素，100 克的大蔥就含有 3.5 克的膳食纖維，是高纖的蔬菜。

蔥的表皮細胞含有大量有殺菌作用的蔥辣素、蘋果酸、磷酸糖；微量元素硒能刺激消化液分泌，增進食慾；前列素 A 能促進血液循環，幫助排汗及利尿，防止血壓升高的頭暈，對防止老年癡呆也有助益。蔥的刺激性氣味，屬於蒜素的揮發性成分，可以抗菌殺菌與化痰等。

食材補給站 ••••••••••••••••••••••••

1. 主要產季：全年都有，主要產地於雲林、彰化、宜蘭及高雄。

2. 如何挑選：

· 蔥葉部分肉厚而粗。

· 蔥葉內側充滿蔥絮。

· 綠白相接處感覺堅硬札實。

· 根鬚多。

3. 如何保存：

· 蔥主要是乾藏。

· 切成蔥花放置在保鮮盒裡冷凍。

· 整隻蔥保存，用大一點的袋子，九成密封直立放，可保存半個月以上。

葉國棟——菊丹日本料理

鑽研日本料理30年，跟隨日籍師傅新原里志先生，學習道地的懷石料理。除了原有的技術和經驗之外，也不斷學習新式料理，在成熟的技藝上，做大膽的創造和細心的烹調。並通過日本國家考試，是官方正式承認的正宗日本料理職人。

陳喬安——R&J guesthouse 掌門廚娘

因為喜歡看到家人或朋友吃到好吃的料理時，從內心散發出滿足的表情，一個從不知道如何煎荷包蛋的人，就這樣一頭栽進料理和烘焙的世界裡，而且設備愈玩愈大，只是想看到因為吃到好吃，或是想吃的料理時，人們滿足的表情。

酪梨蔥蛋醬
Tapas

創作者　美虹廚房——朱美虹

這道料理雖然使用生蔥，但盡量保留蔥的香氣。

〈材料〉3 人份
酪梨 300 克，蛋 3 個，蔥 2 根，鹽麴 1 小匙，黑胡椒少許，哇沙米少許，糖少許，橄欖油少許，餅乾 3 片。

〈作法〉
1. 酪梨切成小丁，蛋煮成水煮蛋放涼備用。
2. 將煮熟的蛋去殼後，橫切成兩半，並取出蛋黃。
3. 蔥和油搗成泥，加入蛋黃拌勻並以鹽麴、黑胡椒、哇沙米、少許糖調味。
4. 將切成丁的酪梨與作法 3 及橄欖油稍微攪拌，讓酪梨均勻沾上蔥醬，盛入蛋白和餅乾上，裝盤即可享用。

TIPS

1. 酪梨切法：從中間切開，扭轉開。

2. 蔥和油要放在一起磨成泥狀。

3. 蛋黃要全熟，把中間較硬的部分取出。

4. 蛋的底部要切平才能站立。

主廚好友真心話

法蘭

更喜歡餅乾版本的，蛋的可以加上芥末籽或是柚子胡椒。

葉國棟

再一點脆脆的口感比較好，例如堅果，也可以放上燙過的蔥段在上面。

陳喬安

我會加一點檸檬汁和白砂糖去提味。

胡椒餅蔥貝果

創作者 R&J guesthouse —— 陳喬安

吃蔥可以增加免疫力,所以很喜歡讓小朋友吃,如果有個點心,有蔥有蛋白質,吃一個就什麼都有,那就好了。就想到把胡椒餅的概念和餡料改成胡椒餅蔥貝果,沒想到挺適合的。

〈材料〉12 個

肉餡材料

豬絞肉 300 克(肥瘦各半),青蔥 150 克,白胡椒粉 10 克,鹽 3 克。

貝果材料

高筋麵粉 750 克,鹽 11 克,糖 53 克,奶油 37 克,蔥水 340 克(260 克水 +80 克蔥用果汁機打勻),新鮮酵母 18 克。

〈作法〉

內餡

所有的材料一起下鍋炒至肉末約 7 分熟，裝盤備用。

貝果

1. 麵粉、鹽、砂糖、奶油和蔥水攪拌成團之後，靜置 1 小時～ 1 天。
2. 加入新鮮酵母，攪拌至麵團光亮有筋度。
3. 麵團完成之後，基本發酵約 30 分鐘。
4. 分割滾圓 100 克 1 個，滾圓後休息鬆弛 10 分鐘。
5. 將麵團桿成正方形，放入肉餡料，捲起並立刻完成整型。

6. 最後發酵約 30 分鐘，等待期間準備熱水。
7. 水滾後放入作法 5 的麵團，放入時正面朝下，每面約 30 秒即可取出。
8. 烤箱用 220 度預熱，以上火 230 ／下火 190 度，烤約 12 ～ 15 分鐘。

TIPS

貝果整型步驟

主廚好友真心話

法蘭　　感覺和白醬很搭配，餡料可以加一點醬料，另外也許可以用肉凍取代部分絞肉，吃起來會更 juicy。

葉國棟　　肉可以更肥一點，或是肉可以炒到半生就好，和生蔥去包，口感會比較濕潤。

美虹　　也可以使用一些肉塊，讓蛋白質的存在感會更明顯。

蔥蔥蔥三部曲

創作者　菊丹日本料理——葉國棟

想要做一個夏天的菜色，要清爽，方便。

〈材料〉1 ～ 2 人份

紅甘魚佐蔥醬
紅甘魚 150 克，蔥 50 克，去皮熟花生 10 顆，椒鹽粉、麵粉、橄欖油適量，鹽巴少許。

日式涼拌三星蔥佐蛋黃醬
三星蔥 1 段，蛋 3 顆，白醋 35cc，細砂糖 25 克，鹽少許。

牛小排涼拌蔥絲
芝麻醬 2 大匙，青蔥 1 段，牛小排 1 片（約 150 克）。

〈作法〉

內餡

紅甘魚佐蔥醬

1. 青蔥汆燙後冰鎮，放入果汁機加入鹽巴、花生、橄欖油打成泥，調味備用。
2. 紅甘魚撒上椒鹽粉，沾上麵粉下鍋煎至金黃色，起鍋，淋上蔥醬。

日式涼拌三星蔥佐蛋黃醬

1. 三星蔥汆燙後冰鎮備用。
2. 蛋黃醬：將蔥以外材料拌勻，隔水加熱至濃稠狀後冰鎮。
3. 將蔥切 3 ～ 5 公分長淋上醬即可。

牛小排涼拌蔥絲

1. 青蔥切絲備用。
2. 牛小排切片，汆燙冰鎮後淋上芝麻醬放上青蔥絲即可。

TIPS

1. 蔥醬的蔥需要燙過之後再打才會脆綠。

2. 蔥段需要加入冰水，口感才會好。

3. 蔥絲要泡水。

主廚好友真心話

蔥醬加花生油很特別也不錯，牛肉下面可以加沙拉葉。

法蘭

魚可以加芝麻葉增添層次感。

美虹

在牛肉上很想加一點日本柚子皮，提升香氣。

陳喬安

煙燻鴨胸蔥捲

創作者　找找私廚——史法蘭

想要做一個簡單方便，但看起來有點設計和變化的菜。

〈材料〉4 人份

煙燻鴨胸 1 塊，青蔥 1 包，橄欖油 2 大匙，
奶油 10 克，高湯 2 大匙，鹽、胡椒適量，
辣椒圈適量。

〈作法〉

1. 鴨胸切片備用。
2. 青蔥分成兩個等分，其中一半汆燙後泡冰
   水備用。
3. 另一半青蔥切段，熱鍋加橄欖油和奶油，
   將蔥段炒熟，加上高湯煮一下打成醬，再
   回鍋加熱，用鹽和胡椒調味。
4. 將蔥醬放在盤子，用鴨胸片捲燙青蔥放在
   上面，再以辣椒圈裝飾即可。

TIPS

 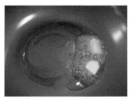  

1. 蔥要切段才能炒。

2. 記得要先放橄欖油再
   放奶油，才不會容易
   變黑。

3. 炒蔥段要加高湯，吸
   收鮮味。

4. 蔥醬打完要回鍋加
   熱，調味均勻。

主廚好友真心話

鴨胸卷裡的蔥
段可以更多蔥
白，口感會更
溫潤，醬可以
加一點堅果。

葉國棟

蔥段要更多
一點。

美虹

蔥醬可以加
一些匈牙利
紅椒粉，感
覺和煙燻味
更搭。

陳喬安

Thank you

感謝每一位共同參與的廚師，是你們讓本書如此多彩而豐富。

陳喬安——R&J Guesthouse

齋藤典子——宜蘭月光莊

楊博宇——生態廚師

Yukako —— ca：san 烘焙坊

鄧玲如——寧菠小館

沈朝棋——寧菠小館

施捷宜——青青餐廳

施捷夫——青青餐廳

Salo —— TR Restaurant

留安昇 Chage ——瘋活三生

吳金朗——利嘉部落

張麗珠 Cina Lahu ——桃源部落

李溪薇——穀倉咖啡

李佩芳——fang 手工烘焙坊

美美子——美美子甜點店

呂映霆——美美子甜點店

陳淑倩

李秋慧

阿國——阿國味・農食堂

貓兒 Cecilia ——貓兒的玩樂廚房

詩涵——小巷裡的拾壹號

胡里歐——胡作室

鄭婷如——安步良食

楊婉君、楊瑾玓——散步咖啡

鍾憶明——佳實米穀粉

游文政——麥麵子小館

Erica ——芭蕉小喜蔬食咖啡館

家慧——好森咖啡

Jacky Shen —— 4F 小飯館

薇姐——薇姊張郎

阿德、小寶——荚麵包

曹小西——夏至咖啡

林淑真——珠寶盒法式點心坊執行總監

吳振戎——珠寶盒法式點心坊麵包主廚

葉國棟——菊丹日本料理

Candy Chang ——生態廚師

任祖祥——姓任私廚

紀玉君——尋俠堂葡萄酒專賣廚藝顧問

李佳純——儷媛廚藝會所

張凱西——或者風旅

陳華蕙——包心菜實驗廚房

Lisa ——尋味獵人

子軒——一簞食

張家羽——鹿野苑

Dora ——朵貓貓

林太——林太做什麼

（依本書出現順序列表）

蔬食餐桌

50位料理達人跨界合作，
私房主廚×生態廚師
激盪出100道創意料理

作　　　　者	史法蘭、朱美虹	
編　　　　輯	朱尚懌、吳雅芳	
校　　　　對	朱尚懌、吳雅芳	
	史法蘭、朱美虹	
美 術 設 計	劉旻旻	
發　行　人	程顯灝	
總　編　輯	呂增娣	
資 深 編 輯	吳雅芳	
編　　　　輯	藍勻廷、黃子瑜	
	蔡玟俞	
美 術 主 編	劉錦堂	
美 術 編 輯	陳玟諭	
行 銷 總 監	呂增慧	
資 深 行 銷	吳孟蓉	
行 銷 企 劃	鄧愉霖	
發　行　部	侯莉莉	
財　務　部	許麗娟、陳美齡	
印　　　　務	許丁財	
出　版　者	四塊玉文創有限公司	
總　代　理	三友圖書有限公司	
地　　　　址	106 台北市安和路 2 段 213 號 4 樓	
電　　　　話	(02) 2377-4155	
傳　　　　真	(02) 2377-4355	
E － mail	service@sanyau.com.tw	
郵 政 劃 撥	05844889 三友圖書有限公司	
總　經　銷	大和書報圖書股份有限公司	
地　　　　址	新北市新莊區五工五路 2 號	
電　　　　話	(02) 8990-2588	
傳　　　　真	(02) 2299-7900	
製 版 印 刷	卡樂彩色製版印刷有限公司	

初　　　版　2021 年 02 月
定　　　價　新台幣 420 元
Ｉ Ｓ Ｂ Ｎ978-986-5510-52-7　（平裝）

國家圖書館出版品預行編目 (CIP) 資料

蔬食餐桌：50 位料理達人跨界合作，私房主
廚 X 生態廚師激盪出 100 道創意料理 / 史法蘭，
朱美虹作 .-- 初版 .-- 臺北市：四塊玉文創有
限公司，2021.02
　面；　公分
ISBN 978-986-5510-52-7(平裝)

1. 蔬菜食譜
427.3　　　　　　　　　　　109021746

www.zaniin.com.tw

台灣TPU砧板領導品牌

橢圓砧板組

刻度砧板組

寶貝砧板組

PLUS砧板組

廚房新美學　環保新紀元

100% TPU CUTTING BOARD

> 抗刀痕、不掉屑

> 食材色素少附著

> 防霉、抗菌

> 材質柔韌、不傷刀具

> 無毒、耐熱150℃，可使用熱水殺菌

> 彈性高、可折彎，方便將食材集中倒入烹煮器具

> 特殊止滑設計，易清理、晾乾

> 輕薄無負擔，室內戶外兩相宜

> 可使用洗碗機清洗、烘碗機烘乾

> 通過世界主要各大食品容器測試

TPU v.s. 其他主要材質

	TPU	PP/PE	矽膠	木頭
刀 痕	幾乎沒有	有	有	有
彈性(折彎)	可	否	可	否
異味殘留	幾乎沒有	有	有	有
色斑/污漬殘留	幾乎沒有	有	有	有
耐熱度	高 (150℃)	中等 (60~80℃)	高 (180℃)	低
風(瀝)乾速度	佳	普通	佳	極差
原料本質	環保/醫療等級	化學合成 化學/醫療等級	天然/人造	
缺點	原料與製程成本高	製程需添加有毒物質 (例:塑化劑)	容易沾黏灰塵	易發霉/笨重

TPU 100%
不添加
其他素材

BPA FREE
不含雙酚A
環保無毒材質

可回收
RECYCLABLE

SGS

FD
EU
No. 10/20

Rakuten
樂天市場

松果購物

PChome ONLINE 商店街!

蝦皮拍賣

HOLA
特力和樂

宇麒實業有限公司　台中市西區臺灣大道二段181號12樓之12~14　服務專線：+886-4-23296108

地址： ＿＿＿縣/市 ＿＿＿鄉/鎮/市/區 ＿＿＿路/街

＿＿段 ＿＿巷 ＿＿弄 ＿＿號 ＿＿樓

廣 告 回 函
台 北 郵 局 登 記 證
台北廣字第2780 號

三友圖書有限公司 收

SANYAU PUBLISHING CO., LTD.

106　　台北市安和路2段213號4樓

三友圖書
讀書俱樂部

「填妥本回函，寄回本社」，
即可免費獲得好好刊。

▼

\ 紛絲招募歡迎加入 /

臉書／痞客邦搜尋
「四塊玉文創／橘子文化／食為天文創
三友圖書——微胖男女編輯社」
加入將優先得到出版社提供的相關
優惠、新書活動等好康訊息。

四塊玉文創╳橘子文化╳食為天文創╳旗林文化
http://www.ju-zi.com.tw
https://www.facebook.com/comehomelife

親愛的讀者：

感謝您購買《蔬食餐桌：50 位料理達人跨界合作，私房主廚✕生態廚師激盪出 100 道創意料理》一書，為感謝您對本書的支持與愛護，只要填妥本回函，並寄回本社，即可成為三友圖書會員，將定期提供新書資訊及各種優惠給您。

姓名 ＿＿＿＿＿＿＿＿＿＿＿＿＿＿ 出生年月日 ＿＿＿＿＿＿＿＿＿＿＿＿＿＿＿＿＿

電話 ＿＿＿＿＿＿＿＿＿＿＿＿＿＿＿ E-mail ＿＿＿＿＿＿＿＿＿＿＿＿＿＿＿＿＿＿

通訊地址 ＿＿＿＿＿＿＿＿＿＿＿＿＿＿＿＿＿＿＿＿＿＿＿＿＿＿＿＿＿＿＿＿＿＿＿

臉書帳號 ＿＿＿＿＿＿＿＿＿＿＿＿＿＿＿＿＿＿＿＿＿＿＿＿＿＿＿＿＿＿＿＿＿＿＿

部落格名稱 ＿＿＿＿＿＿＿＿＿＿＿＿＿＿＿＿＿＿＿＿＿＿＿＿＿＿＿＿＿＿＿＿＿＿＿

1 年齡
□ 18 歲以下　　□ 19 歲～25 歲　　□ 26 歲～35 歲　　□ 36 歲～45 歲　　□ 46 歲～55 歲
□ 56 歲～65 歲　□ 66 歲～75 歲　□ 76 歲～85 歲　□ 86 歲以上

2 職業
□軍公教　□工　□商　□自由業　□服務業　□農林漁牧業　□家管　□學生
□其他 ＿＿＿＿＿＿＿＿＿＿＿＿＿＿＿＿＿＿＿＿＿＿＿＿＿＿＿＿＿＿＿＿＿＿

3 您從何處購得本書？
□博客來　□金石堂網書　□讀冊　□誠品網書　□其他 ＿＿＿＿＿＿＿＿＿＿＿＿＿
□實體書店 ＿＿＿＿＿＿＿＿＿＿＿＿＿＿＿＿＿＿＿＿＿＿＿＿＿＿＿＿＿＿＿＿＿

4 您從何處得知本書？
□博客來　□金石堂網書　□讀冊　□誠品網書　□其他 ＿＿＿＿＿＿＿＿＿＿＿＿＿
□實體書店 ＿＿＿＿＿＿＿＿＿　□FB（四塊玉文創 / 橘子文化 / 食為天文創 三友圖書──微胖男女編輯社）
□好好刊（雙月刊）　□朋友推薦　□廣播媒體

5 您購買本書的因素有哪些？（可複選）
□作者　□內容　□圖片　□版面編排　□其他

6 您覺得本書的封面設計如何？
□非常滿意　□滿意　□普通　□很差　□其他 ＿＿＿＿＿＿＿＿＿＿＿＿＿＿＿＿＿

7 非常感謝您購買此書，您還對哪些主題有興趣？（可複選）
□中西食譜　□點心烘焙　□飲品類　□旅遊　□養生保健　□瘦身美妝　□手作　□寵物
□商業理財　□心靈療癒　□小說　□繪本　□其他 ＿＿＿＿＿＿＿＿＿＿＿＿＿＿＿

8 您每個月的購書預算為多少金額？
□ 1,000 元以下　　□ 1,001～2,000 元　　□ 2,001～3,000 元　□ 3,001～4,000 元
□ 4,001～5,000 元　　□ 5,001 元以上

9 若出版的書籍搭配贈品活動，您比較喜歡哪一類型的贈品？（可選 2 種）
□食品調味類　　□鍋具類　　□家電用品類　　□書籍類　　□生活用品類　　□ DIY 手作類
□交通票券類　　□展演活動票券類　　□其他 ＿＿＿＿＿＿＿＿＿＿＿＿＿＿＿＿＿

10 您認為本書尚需改進之處？以及對我們的意見？

＿＿

感謝您的填寫，
您寶貴的建議是我們進步的動力！

Vegetable
table

Vegetable
table